王坤 主编
黄凯 周聪颖 付月丹 付涛 副主编

大学物理习题集

清华大学出版社
北京

内容简介

本书共14章：质点运动学、质点动力学、刚体的转动、静电场、静电场中的导体和电介质、稳恒磁场、电磁感应与电磁场、振动、波动、光学、气体动理论、热力学基础、狭义相对论、量子力学基础。

本书是根据《大学物理》教材中涉及的知识点，以判断、选择、填空、计算、思考共5种题型出现的习题集。

本书涉及的知识面比较广，可作为高等院校理工科各专业学生的教学参考用书。

图书在版编目(CIP)数据

大学物理习题集/王坤主编. —北京：清华大学出版社，2018 (2024.6 重印)
ISBN 978-7-302-49535-2

Ⅰ. ①大… Ⅱ. ①王… Ⅲ. ①物理学－高等学校－习题集 Ⅳ. ①O4-44

中国版本图书馆 CIP 数据核字(2018)第 029414 号

责任编辑：佟丽霞
封面设计：常雪影
责任校对：刘玉霞
责任印制：沈　露

出版发行：清华大学出版社
网　　址：https://www.tup.com.cn，https://www.wqxuetang.com
地　　址：北京清华大学学研大厦 A 座　　**邮　　编**：100084
社 总 机：010-83470000　　**邮　　购**：010-62786544
投稿与读者服务：010-62776969，c-service@tup.tsinghua.edu.cn
质量反馈：010-62772015，zhiliang@tup.tsinghua.edu.cn
印 装 者：涿州市般润文化传播有限公司
经　　销：全国新华书店
开　　本：185mm×260mm　　**印　　张**：11.25　　**字　　数**：270 千字
版　　次：2018 年 2 月第 1 版　　**印　　次**：2024 年 6 月第 7 次印刷
定　　价：35.00 元

产品编号：078674-02

前　言

本书是为普通高等院校理工科各专业学生编写的配套参考用书，共 14 章：质点运动学、质点动力学、刚体的转动、静电场、静电场中的导体和电介质、稳恒磁场、电磁感应与电磁场、振动、波动、光学、气体动理论、热力学基础、狭义相对论、量子力学基础。

本书知识覆盖面比较广，题量适中，难易结合，题型多样化，包括判断、选择、填空、计算、思考共 5 种题型。

本书在成都理工大学工程技术学院教务处及系领导的指导和大力支持下，由大学物理团队组织编写，共同完成。参与编写工作的有黄凯、付涛（第 1 章），袁磊（第 2 章），颜瑜成（第 3 章），桂兵仪（第 4 章），邵欣（第 5 章），王相星、王曼星（第 6 章），曹中胜（第 7 章），韦涛、周聪颖（第 8 章），邓杨桦（第 9 章），董欢（第 10 章），付月丹（第 11 章），冉均均、赵永生（第 12 章），黄梅（第 13 章），李常杰（第 14 章）。参与整理工作的有：周聪颖（第 1 章），黄凯（第 2 章），付月丹（第 3 章），付涛（第 4 章），王坤（第 5～14 章）。全书由王坤审定并统稿。

在本书编写过程中参考了诸多相关教材，受益匪浅，在此一并致谢。

由于编者水平有限，书中难免有遗漏或者错误之处，恳请读者批评指正，以期不断完善。

编　者

2017 年 11 月

目　　录

第1章　质点运动学

一、判断题

1. 质点所受合外力为零时，其速度也一定为零。（　）

2. 一个质点在作圆周运动时，切向加速度可能不变，法向加速度一定改变。（　）

3. 质点作圆周运动，加速度一定与速度垂直。（　）

4. 一飞轮以匀角速度转动，它边缘上一点无切向加速度，有法向加速度。（　）

5. 质点是忽略其大小和形状，具有空间位置和整个物体质量的点。（　）

6. 一物体可以具有沿 x 轴正方向的加速度和沿 x 轴负方向的速度。（　）

7. 质点作曲线运动时，必有加速度，切向加速度可以为零。（　）

8. 一物体具有恒定的速度，但仍有变化的速率。（　）

9. 质点作圆周运动时，速度方向一定指向切向，加速度方向一定指向圆心。（　）

10. 在作自由落体运动的升降机内，某人竖直上抛一弹性球，此人会观察到球匀速地上升，与顶板碰撞后匀速下落。（　）

二、选择题

1. 一质点沿 x 轴运动的规律是 $x=t^2-4t+5$(SI)。则前3s内它的（　）。

A. 位移和路程都是3m　　B. 位移和路程都是−3m

C. 位移是−3m，路程是3m　　D. 位移是−3m，路程是5m

2. 一细直杆 AB，竖直靠在墙壁上，B 端沿水平方向以速度 $\boldsymbol{v}$ 滑离墙壁，则当细杆运动到图示位置时，细杆中点 C 的速度（　）。

A. 大小为 $v/2$，方向与 B 端运动方向相同

B. 大小为 $v/2$，方向与 A 端运动方向相同

C. 大小为 $v/2$，方向沿杆身方向

D. 大小为 $v/(2\cos\theta)$，方向与水平方向成 θ 角

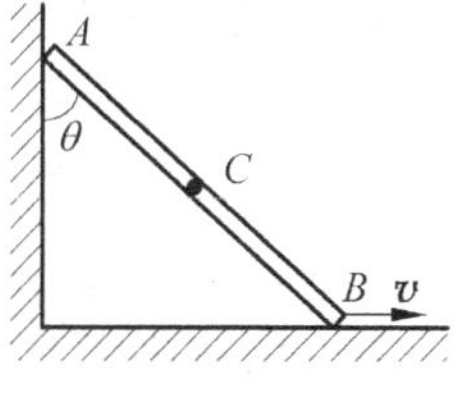

题2图

3. 质点沿轨道 AB 作曲线运动，速率逐渐减小，图中哪一种情况正确地表示了质点在 C 处的加速度？（　）

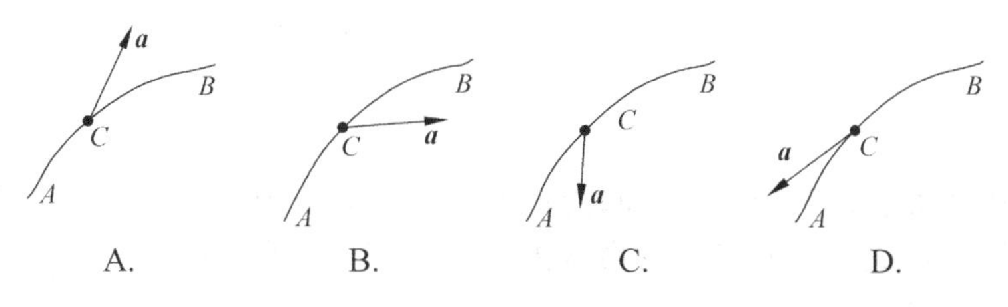

题3图

4. 一质点的运动方程是 $\boldsymbol{r}=R\cos\omega t\boldsymbol{i}+R\sin\omega t\boldsymbol{j}$，$R$、$\omega$ 为正常数。从 $t=\pi/\omega$ 到 $t=2\pi/\omega$ 时间内，该质点的位移是（　　）。

A. $-2R\boldsymbol{i}$　　B. $2R\boldsymbol{i}$　　C. $-2\boldsymbol{j}$　　D. 0

5. 一质点的运动方程是 $\boldsymbol{r}=R\cos\omega t\boldsymbol{i}+R\sin\omega t\boldsymbol{j}$，$R$、$\omega$ 为正常数。从 $t=\pi/\omega$ 到 $t=2\pi/\omega$ 时间内，该质点经过的路程是（　　）。

A. $2R$　　B. πR　　C. 0　　D. $\pi R\omega$

6. 下列说法正确的是（　　）。

A. 质点作圆周运动时的加速度指向圆心

B. 匀速圆周运动的加速度为常量

C. 只有法向加速度的运动一定是圆周运动

D. 只有切向加速度的运动一定是直线运动

7. 根据瞬时速度的定义及其坐标表示，它的大小可表示为（　　）。

(1) $\frac{\mathrm{d}r}{\mathrm{d}t}$　　(2) $\left|\frac{\mathrm{d}\boldsymbol{r}}{\mathrm{d}t}\right|$

(3) $\frac{\mathrm{d}s}{\mathrm{d}t}$　　(4) $\left|\frac{\mathrm{d}x}{\mathrm{d}t}\boldsymbol{i}+\frac{\mathrm{d}y}{\mathrm{d}t}\boldsymbol{j}+\frac{\mathrm{d}z}{\mathrm{d}t}\boldsymbol{k}\right|$

(5) $\left[\left(\frac{\mathrm{d}x}{\mathrm{d}t}\right)^2+\left(\frac{\mathrm{d}y}{\mathrm{d}t}\right)^2+\left(\frac{\mathrm{d}z}{\mathrm{d}t}\right)^2\right]^{1/2}$

A. 只有(1)、(4)正确　　B. 只有(2)、(3)、(4)、(5)正确

C. 只有(2)、(3)正确　　D. 全部正确

8. 一质点沿 x 轴作直线运动，运动方程为 $x(t)=5+3t^2-t^3$(SI)，则其运动情况是（　　）。

A. $0<t<1$s 内，质点沿 x 轴负向作加速运动

B. 1s$<t<$2s 内，质点沿 x 轴正向作减速运动

C. $t>$2s 时，质点沿 x 轴正向作减速运动

D. 质点一直沿 x 轴正向作加速运动

9. 一质点在平面上运动，已知质点位置矢量的表示式为 $\boldsymbol{r}(t)=(3t^2+2)\boldsymbol{i}+6t^2\boldsymbol{j}$，则该质点作（　　）。

A. 匀速直线运动　　B. 变速直线运动

C. 抛物线运动　　D. 一般曲线运动

10. 以初速率 v_0 将一物体斜向上抛，抛射角为 θ，忽略空气阻力，则物体飞行轨道最高点处的曲率半径是（　　）。

A. $v_0\sin\theta/g$　　B. v_0^2/g

C. $v_0^2\cos^2\theta/g$　　D. $v_0^2\sin^2\theta/2g$

三、填空题

1. 一物体作如图所示的斜抛运动，测得在轨道 P 点处速度大小为 v，其方向与水平方向成 30°角。则物体在 P 点的切向加速度 $a_\tau=$________，轨道的曲率半径 $\rho=$________。

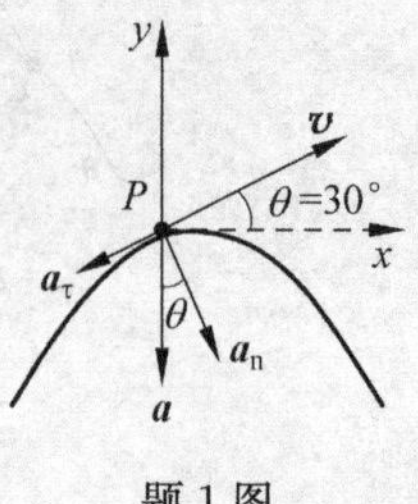

题 1 图

2. 一质点在 xy 平面内运动，其运动学方程为 $\boldsymbol{r}=2t\boldsymbol{i}+(2-t^2)\boldsymbol{j}$，其中 $\boldsymbol{r}$、t 分别以米和秒为单位，则从 $t=1$s 到 $t=3$s 质点的位移为

________；$t=2\text{s}$ 时质点的加速度为________；质点的轨迹方程是________。

3. 一质点沿半径为 0.01m 的圆周运动，其运动方程为 $\theta=6t-2t^2$(SI)。求：法向加速度与切向加速度大小恰好相等时的角位置 $\theta_1=$________。

4. 一质点作半径为 0.1m 的圆周运动，其用角坐标表示的运动学方程为 $\theta=2+4t^3$，θ 的单位为 rad，t 的单位为 s。问：当 $t=2\text{s}$ 时，质点的切向加速度为________，法向加速度为________；θ 等于________ rad 时，质点的加速度和半径的夹角为 45°。

5. 一质点沿 x 轴作直线运动，它的运动学方程是 $x(t)=5+3t^2-t^3$(SI)，则质点在 $t=0$ 时刻的速度 $v_0=$________，加速度为零时，该质点的速度 $v=$________。

6. 一质点运动的加速度为 $\boldsymbol{a}=2t\boldsymbol{i}+3t^2\boldsymbol{j}$，初始速度与初始位移均为零，则该质点的运动方程为________，2s 时该质点的速度为________。

7. 一质点从静止出发沿半径为 3m 的圆周运动，切向加速度大小为 3m/s^2，则经过________ s 后它的总加速度恰好与半径成 45°角。在此时间内质点经过的路程为________ m，角位移为________ rad，在 1s 末总加速度大小为________ m/s^2。

8. 一质点在空间三坐标上的运动方程分别为 $x=A\cos\omega t$，$y=A\sin\omega t$，$z=h\omega t/2\pi$，式中 A、h、ω 均为大于零的常数，则质点在 x 和 y 轴上的分运动是________，在 z 轴上的分运动是________，在 xy 平面内的运动轨迹为________，在 x、y、z 空间内的运动轨迹为________。

9. 一质点初始时从原点开始以速度 v_0 沿 x 轴正向运动，设运动过程中质点受到的加速度为 $a=-kx^2$，质点运动的最大距离为________。

10. 一质点沿 x 轴运动，其速度与时间的关系为 $v=t^2+4$，式中 v 的单位为 m/s，t 的单位为 s。当 $t=3\text{s}$ 时，质点位于 $x=9\text{m}$ 处，则质点的位置与时间的关系为________。

四、计算题

1. 一质点沿 y 轴作直线运动，其运动方程为 $y=5+24t-2t^3$(SI)。求在计时开始的头 3s 内质点的位移、平均速度、平均加速度和所通过的路程。

2. 一质点沿半径为 R 的圆周按 $s=v_0t-\frac{1}{2}bt^2$ 的规律运动，其中 v_0 和 b 都是常数。求：(1)质点在 t 时刻的加速度；(2)t 为何值时，加速度在数值上等于 b；(3)当加速度大小为 b 时质点已沿圆周运行了几圈？

3. 一质量为 m 的小球在高度 h 处以初速度 v_0 水平抛出，求：

(1) 小球的运动方程；

(2) 小球在落地之前的轨迹方程；

(3) 落地前瞬时小球的 $\frac{\mathrm{d}\boldsymbol{r}}{\mathrm{d}t}$，$\frac{\mathrm{d}\boldsymbol{v}}{\mathrm{d}t}$，$\frac{\mathrm{d}v}{\mathrm{d}t}$。

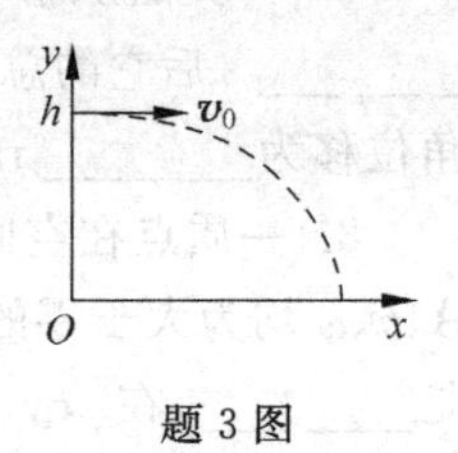

题 3 图

4. 路灯距地面的高度为 h_1，一身高为 h_2 的人在路灯下以匀速 v_1 沿直线行走。试证明人影的顶端作匀速运动，并求其速度 v_2。

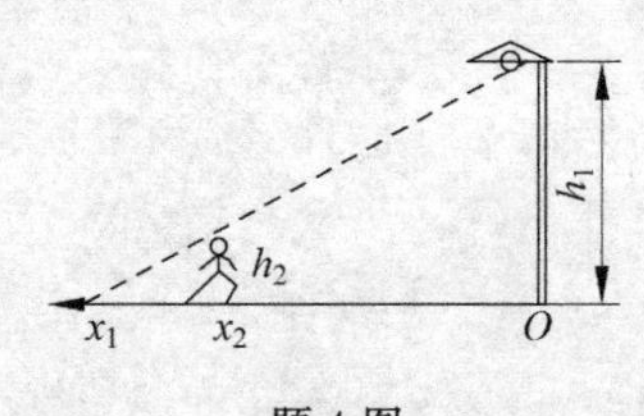

题 4 图

5. 质点沿 x 轴正向运动，加速度 $a=-kv$，k 为常数。设从原点出发时速度为 v_0，求运动方程 $x=x(t)$。

6. 质点在 xOy 平面内的运动方程为 $x=3t$，$y=2t^2+3$。求：(1) $t=2\text{s}$ 时质点的位矢、速度和加速度；(2)从 $t=1\text{s}$ 到 $t=2\text{s}$ 这段时间内，质点位移的大小和方向；(3)0～1s 和 1～2s 两时间段，质点的平均速度；(4)写出轨道方程。

7. 一质点在 xOy 平面内运动，初始时刻位于 $x=1\text{m}$，$y=2\text{m}$ 处，它的速度为 $v_x=10t$，$v_y=t^2$。试求 2s 时质点的位置矢量和加速度矢量。

8. 一质点具有恒定加速度 $\boldsymbol{a}=6\boldsymbol{i}+4\boldsymbol{j}$，在 $t=0$ 时，其速度为零，位置矢量 $\boldsymbol{r}_0=10\boldsymbol{i}$，求：(1)任意时刻质点的速度和位置矢量；(2)质点的轨道方程。

9. 一质点沿 x 轴运动，其加速度 a 与位置坐标 x 的关系为 $a=3+6x^2$，若质点在原点处的速度为零，试求其在任意位置处的速度。

10. 一小球由静止下落，由于阻力作用，其加速度 a 与速度 v 的关系为 $a=A-Bv$，其中 A 和 B 为常数，求 t 时刻小球的速度。

五、思考题

1. 若质点限于在平面上运动，试指出符合下列条件的各应是什么运动？

(1) $\frac{\mathrm{d}r}{\mathrm{d}t}=0,\frac{\mathrm{d}\boldsymbol{r}}{\mathrm{d}t}\neq0$；(2) $\frac{\mathrm{d}v}{\mathrm{d}t}=0,\frac{\mathrm{d}\boldsymbol{v}}{\mathrm{d}t}\neq0$；(3) $\frac{\mathrm{d}a}{\mathrm{d}t}=0,\frac{\mathrm{d}\boldsymbol{a}}{\mathrm{d}t}=0$

2. 一质点作斜抛运动，

(1) 用 t_1 代表落地时间，说明下面三个积分的意义：$\int_0^{t_1} v_x \mathrm{d}t,\int_0^{t_1} v_y \mathrm{d}t,\int_0^{t_1} v\mathrm{d}t$；

(2) 用 A 和 B 代表抛出点和落地点位置，说明下面三个积分的意义：$\int_A^B \mathrm{d}\boldsymbol{r},\int_A^B |\mathrm{d}\boldsymbol{r}|$，$\int_A^B \mathrm{d}r$。

3. 质点的 x-t 关系如图，图中 a、b、c 三条线表示三个速度不同的运动. 问它们属于什么类型的运动？哪一个速度大？哪一个速度小？

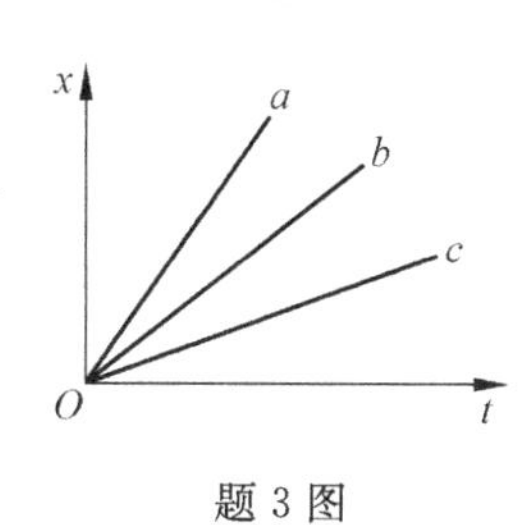

题3图

4. 结合 v-t 图，说明平均加速度和瞬时加速度的几何意义。

5. 运动物体的加速度随时间减小，而速度随时间增大，是可能的吗？

6. 质点以 $v(t)$ 沿 x 轴运动，$\frac{\mathrm{d}v}{\mathrm{d}t}$是非零常数。当 $t=0$ 时，$v=0$；当 $t>0$，$v\frac{\mathrm{d}v}{\mathrm{d}t}$将大于 0，等于 0 还是小于 0？

7. 已知质点的运动方程为 $\boldsymbol{r}(t)=x(t)\boldsymbol{i}+y(t)\boldsymbol{j}$，有人说其速度和加速度分别为

$$v=\frac{\mathrm{d}r}{\mathrm{d}t},\quad a=\frac{\mathrm{d}^2 r}{\mathrm{d}t^2}$$

其中 $r=\sqrt{x^2+y^2}$。你说对吗？

8. 一人站在地面上用枪瞄准悬挂在树上的木偶。当扣动扳机子弹从枪口射出时，木偶正好由静止自由下落。试说明为什么子弹总可以射中木偶？

9. 地面上垂直竖立一高为20.0m的旗杆,已知正午时分太阳在旗杆的正上方,求在下午2:00时,杆顶在地面上影子速度的大小。在何时刻杆影将伸展至20.0m?

10. 一张CD光盘音轨区域的内半径$R_1=2.2$cm,外半径$R_2=5.6$cm,径向音轨密度$N=650$条/mm。在CD唱机内,光盘每转一圈,激光头沿径向向外移动一条音轨,激光束相对于光盘是以$v=1.3$m/s的恒定线速率运动的。(1)这张光盘的全部放音时间是多少?(2)激光束到达离盘心$r=5.0$cm处时,光盘转动的角速度和角加速度各是多少?

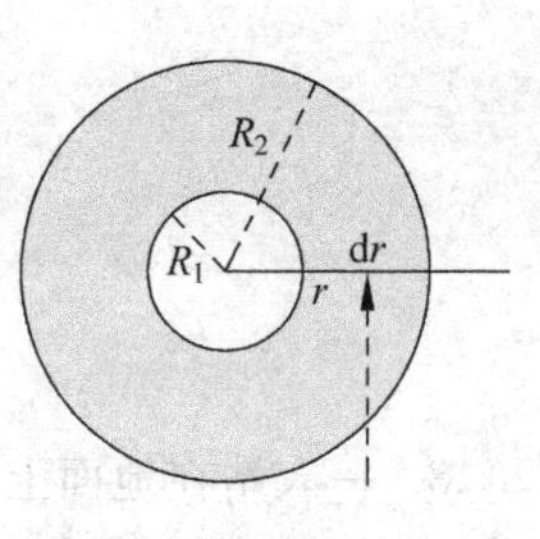

题10图

第 2 章　质点动力学

一、判断题

1. 质点作圆周运动时,指向圆心的力是向心力,不指向圆心的力不是向心力。 (　　)
2. 质点作圆周运动时,所受的合外力一定指向圆心。 (　　)
3. 质点系机械能的改变与保守内力无关。 (　　)
4. 保守力做正功时,系统内相应的势能增加。 (　　)
5. 质点运动经一闭合路径,保守力对质点做的功为零。 (　　)
6. 作用力和反作用力大小相等、方向相反,所以两者所做功的代数和必为零。 (　　)
7. 根据牛顿定律,质点所受合外力为零时,其加速度和速度都为零。 (　　)
8. 质点系的内力可以改变系统的总动能。 (　　)
9. 物体的速度大,合外力做的功多,物体所具有的功也多。 (　　)
10. 质点系所受合外力为零时,则质点系内各质点的动量之和保持不变。 (　　)

二、选择题

1. 如图所示,质量为 m 的物体用平行于斜面的细线连接置于光滑的斜面上,若斜面向左方作加速运动,当物体刚脱离斜面时,它的加速度的大小为(　　)。

A. $g\sin\theta$　　B. $g\cos\theta$　　C. $g\tan\theta$　　D. $g\cot\theta$

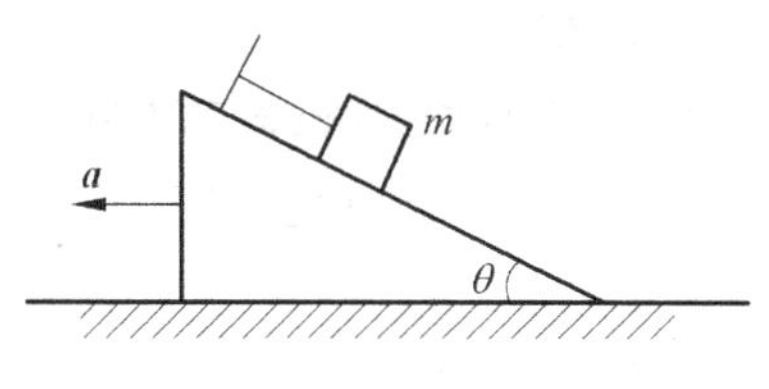

题 1 图

2. 用水平力 $\boldsymbol{F}_{\mathrm{N}}$ 把一个物体压着靠在粗糙的竖直墙面上保持静止,当 $\boldsymbol{F}_{\mathrm{N}}$ 逐渐增大时,物体所受的静摩擦力 $\boldsymbol{F}_{\mathrm{f}}$ 的大小(　　)。

A. 不为零,但保持不变

B. 随 $\boldsymbol{F}_{\mathrm{N}}$ 成正比地增大

C. 开始随 $\boldsymbol{F}_{\mathrm{N}}$ 增大,达到某一最大值后,就保持不变

D. 无法确定

3. 一段路面水平的公路,转弯处轨道半径为 R,汽车轮胎与路面间的摩擦因数为 μ,要使汽车不至于发生侧向打滑,汽车在该处的行驶速率(　　)。

A. 不得小于 $\sqrt{\mu g R}$　　B. 必须等于 $\sqrt{\mu g R}$

C. 不得大于 $\sqrt{\mu g R}$　　D. 还应由汽车的质量 m 决定

4. 一物体沿固定圆弧形光滑轨道由静止下滑，在下滑过程中(　　)。

A. 它的加速度方向永远指向圆心，其速率保持不变

B. 它受到的轨道的作用力的大小不断增加

C. 它受到的合外力大小变化，方向永远指向圆心

D. 它受到的合外力大小不变，其速率不断增加

5. 图示系统置于以 $a=1/4g$ 的加速度上升的升降机内，A、B 两物体质量相同均为 m，A 所在的桌面是水平的，绳子和定滑轮质量均不计，若忽略滑轮轴上和桌面上的摩擦，并不计空气阻力，则绳中张力为(　　)。

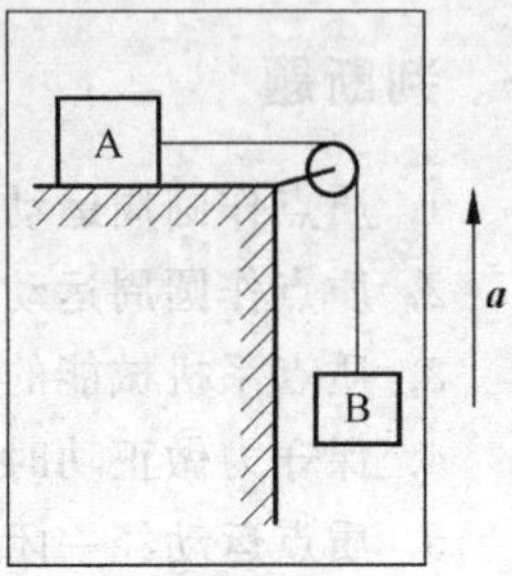

A. $5/8mg$　　B. $1/2mg$

C. mg　　D. $2mg$

题 5 图

6. 对质点系有以下几种说法：

(1) 质点系总动量的改变与内力无关

(2) 质点系总动能的改变与内力无关

(3) 质点系机械能的改变与保守内力无关

下列对上述说法判断正确的是(　　)。

A. 只有(1)是正确的　　B. (1)、(2)是正确的

C. (1)、(3)是正确的　　D. (2)、(3)是正确的

7. 有两个倾角不同、高度相同、质量一样的斜面放在光滑的水平面上，斜面是光滑的，有两个一样的物块分别从这两个斜面的顶点由静止开始滑下，则(　　)。

A. 物块到达斜面底端时的动量相等

B. 物块到达斜面底端时动能相等

C. 物块和斜面(以及地球)组成的系统，机械能不守恒

D. 物块和斜面组成的系统水平方向上动量守恒

8. 对功的概念有以下几种说法：

(1) 保守力做正功时，系统内相应的势能增加

(2) 质点运动经一闭合路径，保守力对质点做的功为零

(3) 作用力和反作用力大小相等、方向相反，所以两者所做功的代数和必为零

下列上述说法中判断正确的是(　　)。

A. (1)、(2)是正确的　　B. (2)、(3)是正确的

C. 只有(2)是正确的　　D. 只有(3)是正确的

9. 如图所示，质量分别为 m_1 和 m_2 的物体 A 和 B，置于光滑桌面上，A 和 B 之间连有一轻弹簧。另有质量为 m_1 和 m_2 的物体 C 和 D 分别置于物体 A 与 B 之上，且物体 A 和 C、B 和 D 之间的摩擦因数均不为零。首先用外力沿水平方向相向推压 A 和 B，使弹簧被压缩，然后撤掉外力，则在 A 和 B 弹开的过程中，对 A、B、C、D 以及弹簧组成的系统，有(　　)。

A. 动量守恒，机械能守恒　　B. 动量不守恒，机械能守恒

C. 动量不守恒，机械能不守恒　　D. 动量守恒，机械能不一定守恒

10. 如图所示，子弹射入放在水平光滑地面上静止的木块后穿出。以地面为参考系，下列说法中正确的是(　　)。

A. 子弹减少的动能转变为木块的动能

B. 子弹-木块系统的机械能守恒

C. 子弹动能的减少等于子弹克服木块阻力所做的功

D. 子弹克服木块阻力所做的功等于这一过程中产生的热

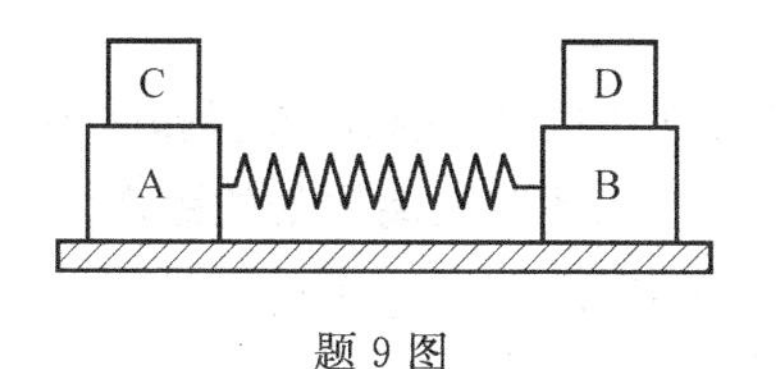

题 9 图

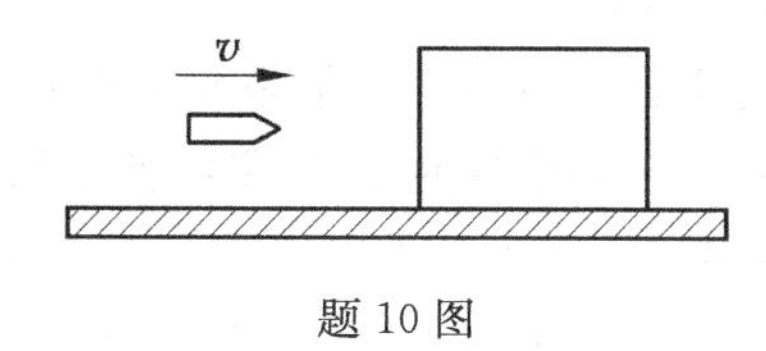

题 10 图

三、填空题

1. 如图所示，一绳索跨过无摩擦的滑轮，系在质量为 1.00kg 的物体上，起初物体静止在无摩擦的水平平面上。若用 5N 的恒力作用在绳索的另一端，使物体向右作加速运动，当系在物体上的绳索从与水平面成 30°角变为 37°角时，力对物体所做的功为________(已知滑轮与水平面之间的距离 $d=1.00\text{m}$)。

2. 如图所示，一人从 10.0m 深的井中提水，起始桶中装有 10.0kg 的水，由于水桶漏水，每升高 1.00m 要漏去 0.20kg 的水。水桶被匀速地从井中提到井口做的功为________($g=9.8\text{N/kg}$)。

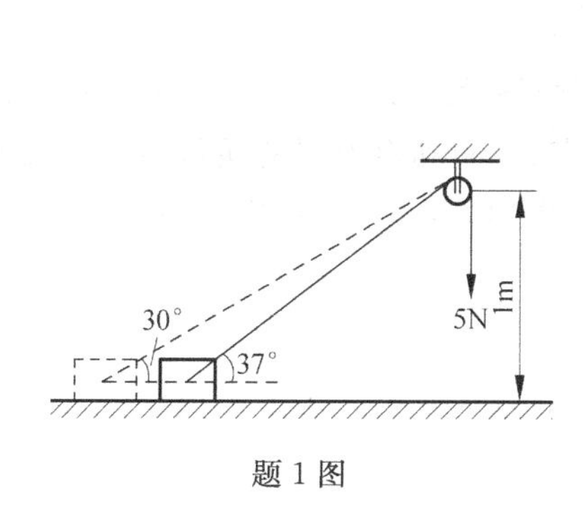

题 1 图

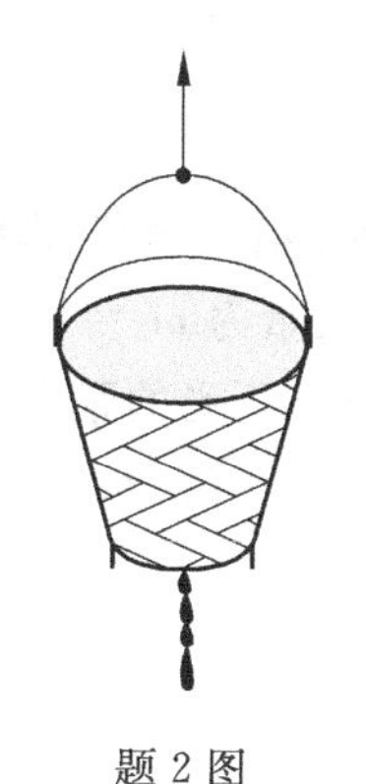
题 2 图

3. 一质点沿 x 轴运动，其受力如图所示，设 $t=0$ 时，$v_0=5\text{m/s}$，$x_0=2\text{m}$，质点质量 $m=1\text{kg}$，该质点 7s 末的速率为________，位置坐标为________。

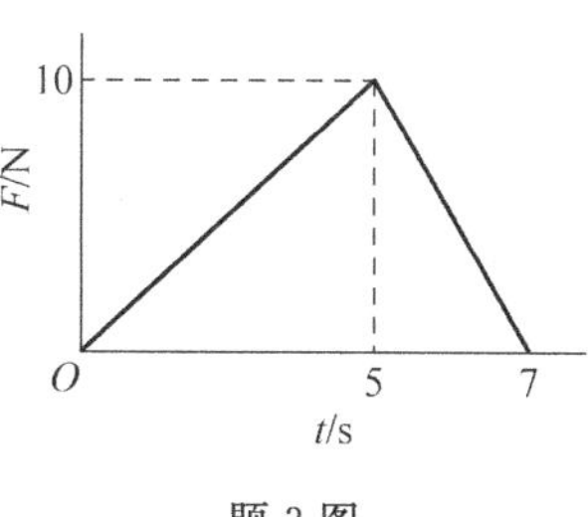

题 3 图

4. 轻型飞机连同飞行员总质量为 1.0×10^3 kg。飞机以 55.0m/s 的速率在水平跑道上着陆后，飞行员开始制动，若阻力与时间成正比，比例系数 $\alpha=5.0\times10^2\text{N}\cdot\text{s}^{-1}$，空气对飞机升力不计，则：10s 后飞机的速率为________，飞机着陆后 10s 内滑行的距离为________。

5. 在卡车车厢底板上放一木箱，该木箱距车厢前沿挡板的距离 $L=2.0\text{m}$，已知刹车时卡车的加速度 $a=7.0\text{m/s}^2$，设刹车一开始木箱就开始滑动。该木箱撞上挡板时相对卡车的速率为________。设木箱与底板间滑动摩擦因数 $\mu=0.50(g=9.8\text{N/kg})$。

6. 一架以 3.0×10^2 m/s 的速率水平飞行的飞机，与一只身长为 0.20m、质量为 0.50kg 的飞鸟相碰。设碰撞后飞鸟的尸体与飞机具有同样的速度，而原来飞鸟对于地面的速率甚小，可以忽略不计。飞鸟对飞机的冲击力为________（碰撞时间可用飞鸟身长被飞机速率相除来估算）。

7. 高空作业时系安全带是非常必要的，假如质量为 51.0kg 的人，在操作时不慎从高空竖直跌落，由于安全带的保护，最终使他被悬挂起来。已知此时人离原处的距离为 2.0m，安全带弹性缓冲作用时间为 0.50s，安全带对人的平均冲力为________$(g=9.8\text{N/kg})$。

8. 质量为 m 的小球，在合外力 $F=-kx$ 作用下运动，已知 $x=A\cos\omega t$，其中 k、ω、A 均为正常量，在 $t=0$ 到 $t=\frac{\pi}{2\omega}$时间内小球动量的增量为________。

9. 如图所示，在水平地面上，有一横截面 $S=0.20\text{m}^2$ 的直角弯管，管中有流速为 $v=3.0\text{m/s}$ 的水通过，弯管所受力的大小为________，方向为________。

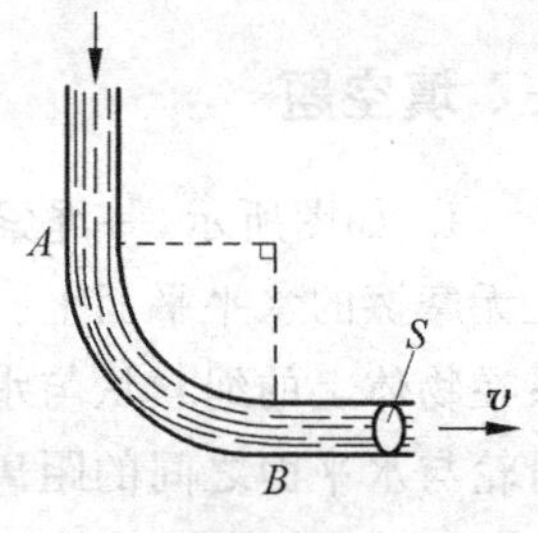

题 9 图

10. 一质量为 m 的质点，系在细绳的一端，绳的另一端固定在平面上，此质点在粗糙水平面上作半径为 r 的圆周运动，设质点的最初速率是 v_0，当它运动一周时，其速率为 $v_0/2$，摩擦力做的功为________，动摩擦因数为________，在静止以前质点运动了________圈。

四、计算题

1. 工地上有一吊车，将甲、乙两块混凝土预制板吊起送至高空。甲块质量为 $m_1=2.00\times10^2\text{kg}$，乙块质量为 $m_2=1.00\times10^2\text{kg}$。设吊车、框架和钢丝绳的质量不计。试求下述两种情况下，钢丝绳所受的张力以及乙块对甲块的作用力：(1)两物块以 10.0m/s^2 的加速度上升；(2)两物块以 1.0m/s^2 的加速度上升。

2. 质量为 m' 的长平板 A 以速度 v' 在光滑平面上作直线运动，现将质量为 m 的木块 B 轻轻平稳地放在长平板上，板与木块之间的动摩擦因数为 μ，求木块在长平板上滑行多远才能与板取得共同速度？

3. 一物体自地球表面以速率 v_0 竖直上抛。假定空气对物体阻力的值为 $F_r = kmv^2$，其中 m 为物体的质量，k 为常量。试求：(1)该物体能上升的高度；(2)物体返回地面时速度的值(设重力加速度为常量)。

4. $F_x = 30 + 4t$(式中 F_x 的单位为 N，t 的单位为 s)的合外力作用在质量 $m = 10\text{kg}$ 的物体上，试求：(1)在开始 2s 内此力的冲量；(2)若冲量 $I = 300\text{N} \cdot \text{s}$，此力作用的时间；(3)若物体的初速度 $v_1 = 10\text{m/s}$，方向与 F_x 相同，在 $t = 6.86\text{s}$ 时，此物体的速度 v_2。

5. 质量为 m 的物体，由地面以初速度 v_0 竖直向上发射，物体受到空气的阻力为 $F_f = kv$，求物体发射到最高点所需的时间。

6. 一作斜抛运动的物体，在最高点炸裂为质量相等的两块，最高点距离地面为 19.6m。爆炸 1.00s 后，第一块落到爆炸点正下方的地面上，此处距抛出点的水平距离为 1.00×10^2 m。问第二块落在距抛出点多远的地面上(设空气的阻力不计)。

7. A、B 两船在平静的湖面上平行逆向航行，当两船擦肩相遇时，两船各自向对方平稳地传递 50kg 的重物，结果是 A 船停了下来，而 B 船以 3.4m/s 的速度继续向前驶去。A、B 两船原有质量分别为 0.5×10^3 kg 和 1.0×10^3 kg，求在传递重物前两船的速度(忽略水对船的阻力)。

8. 质量为 m'的人手里拿着一个质量为 m 的物体，此人用与水平面成 α 角的速率 v 向前跳去。当他达到最高点时，他将物体以相对于人为 u 的水平速率向后抛出。问：由于人抛出物体，他跳跃的距离增加了多少(假设人可视为质点)？

9. 一物体在介质中按规律 $x=ct^3$ 作直线运动，c 为一常量。设介质对物体的阻力正比于速度的平方。试求物体由 $x_0=0$ 运动到 $x=l$ 时，阻力所做的功(已知阻力系数为 k)。

10. 如图所示，一个质量为 m 的小球从内壁为半球形的容器边缘点 A 滑下。设容器质量为 m'，半径为 R，内壁光滑，并放置在摩擦可以忽略的水平桌面上。开始时小球和容器都处于静止状态。当小球沿内壁滑到容器底部的点 B 时，受到向上的支持力为多大？

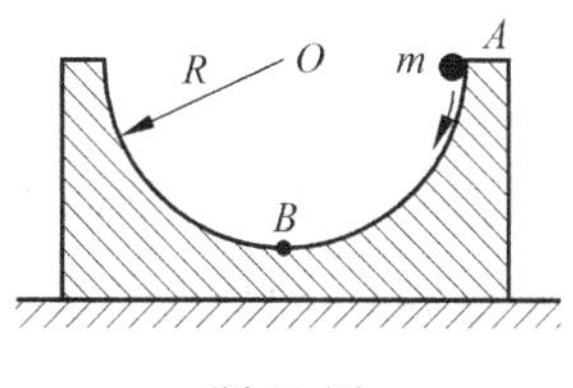

题 10 图

五、思考题

1. 用锤压钉,很难把钉子压入木块,如果用锤击钉,钉子就很容易进入木块。这是为什么?

2. 一人躺在地上,身上压一块重石板,另一人用重锤猛击石板,但见石板碎裂,而下面的人毫无损伤,何故?

3. 两个质量相同的物体从同一高度自由下落,与水平地面相碰,一个反弹回去,另一个却贴在地上,问哪一个物体给地面的冲击较大?

4. 两个物体分别系在跨过一个定滑轮的轻绳两端。若把两物体和绳视为一个系统，哪些力是外力？哪些力是内力？

5. 在系统的动量变化中内力起什么作用？有人说：因为内力不改变系统的动量，所以不论系统内各质点有无内力作用，只要外力相同，则各质点的运动情况就相同。这话对吗？

6. 质点的动量和动能是否与(惯性)参考系的选取有关？功是否与参考系有关？质点的动量定理和动能定理是否与参考系有关？请举例说明。

7. 有两个相同的物体，处于同一位置，其中一个水平抛出，另一个沿斜面无摩擦地自由滑下，问哪一个物体先到达地面？到达地面时两者速率如何？

8. 在弹性限度内，如果将弹簧的伸长量增加到原来的两倍，那么弹性势能是否也增加为原来的两倍？

9. 质量为 m 的物体放在质量为 M 的光滑斜面上，二者最初静止于一个光滑水平面上。有人以斜面为参考系，写出物体下滑高度 h 时的速率 u 的公式为

$$mgh = \frac{1}{2}mu^2$$

式中 u 是物体相对于斜面的速度。这一公式为什么错了？正确的公式应该如何写？

10. 在弹性碰撞中，有哪些量保持不变？在非弹性碰撞中又有哪些量保持不变？

第 3 章　刚体的转动

一、判断题

1. 刚体作定轴转动时，其上任意各点运动的角速度和线速度都相同。（　　）

2. 刚体作定轴转动时，其上任意各点运动的角速度和角加速度都相同。（　　）

3. 刚体转动的外因是力。（　　）

4. 刚体的转动惯量只与刚体本身的质量有关。（　　）

5. 刚体的转动惯量只与刚体的质量分布有关。（　　）

6. 刚体定轴转动定律与牛顿第二定律在质点运动中的地位相当。（　　）

7. 刚体定轴转动动能与质点的动能形式上相似。（　　）

8. 合外力矩对绕定轴转动的刚体所做的功等于刚体转动动能的增量。（　　）

9. 人造卫星绕地球作椭圆运动，地球中心为椭圆的一个焦点。在运动过程中满足动量守恒。（　　）

10. 两个力同时作用在一个有固定转轴的刚体上，当这两个力的合力为零时，轴的合力矩也一定为零。（　　）

二、选择题

1. 两个匀质圆盘 A 和 B 的密度分别为 ρ_A 和 ρ_B，且 $\rho_A>\rho_B$，但两圆盘质量和厚度相同。如两盘对通过盘心垂直于盘面的轴的转动惯量分别为 J_A 和 J_B，则（　　）。

A. $J_A>J_B$　　B. $J_B>J_A$　　C. $J_A=J_B$　　D. 不能确定

2. 下列说法中哪个或哪些是正确的？（　　）

(1) 作用在定轴转动刚体上的力越大，刚体转动的角加速度应越大

(2) 作用在定轴转动刚体上的合力矩越大，刚体转动的角速度越大

(3) 作用在定轴转动刚体上的合力矩为零，刚体转动的角速度为零

(4) 作用在定轴转动刚体上合力矩越大，刚体转动的角加速度越大

(5) 作用在定轴转动刚体上的合力矩为零，刚体转动的角加速度为零

A. (1)和(2)是正确的　　B. (2)和(3)是正确的

C. (3)和(4)是正确的　　D. (4)和(5)是正确的

3. 关于力矩有以下几种说法：

(1) 对某个定轴转动刚体而言，内力矩不会改变刚体的角加速度；

(2) 一对作用力和反作用力对同一轴的力矩之和必为零；

(3) 质量相等、形状和大小不同的两个刚体，在相同力矩的作用下，它们的运动状态一定相同。

对上述说法，下述判断正确的是：（　　）

A. 只有(2)是正确的　　B. (1)、(2)是正确的

C. (2)、(3)是正确的　　D. (1)、(2)、(3)都是正确的

4. 一均匀圆盘状飞轮质量为 20kg，半径为 30cm，当它以 $60\text{r}\cdot\text{min}^{-1}$ 的速率旋转时，其动能为（　　）。

A. $16.2\pi^2\text{J}$　　B. $8.1\pi^2\text{J}$　　C. 8.1J　　D. $1.8\pi^2\text{J}$

5. 长为 l 质量为 m 的均匀细棒，绕一端点在水平面内作匀速率转动，已知棒中心点的线速率为 v，则细棒的转动动能为（　　）。

A. $\frac{1}{2}mv^2$　　B. $\frac{2}{3}mv^2$　　C. $\frac{1}{6}mv^2$　　D. $\frac{1}{24}mv^2$

6. 刚体绕定轴作匀变速转动时，刚体上距轴为 r 的任一点的（　　）。

A. 切向、法向加速度的大小均随时间变化

B. 切向、法向加速度的大小均保持恒定

C. 切向加速度的大小恒定，法向加速度的大小变化

D. 法向加速度的大小恒定，切向加速度的大小变化

7. 一轻绳绕在具有水平转轴的定滑轮上，绳下端挂一物体，物体的质量为 m，此时滑轮的角加速度为 β。若将物体卸掉，而用大小等于 mg、方向向下的力拉绳子，则滑轮的角加速度将（　　）。

A. 变大　　B. 变小　　C. 不变　　D. 无法判断

8. 花样滑冰运动员绕通过自身的竖直轴转动，开始时两臂伸开，转动惯量为 J，角速度为 ω；然后将两手臂合拢，使其转动惯量变为 2/3J，则转动角速度变为（　　）。

A. $\omega/3$　　B. $3\omega/2$　　C. $\omega/2$　　D. $\sqrt{3}\omega/2$

9. 有两个半径相同、质量相等的细圆环 A 和 B。A 环的质量分布均匀，B 环的质量分布不均匀。它们对通过环心并与环面垂直的轴的转动惯量分别为 J_A 和 J_B，则（　　）

A. $J_A > J_B$　　B. $J_A < J_B$

C. $J_A = J_B$　　D. 不能确定 J_A、J_B 哪个大

10. 如图所示，光滑的水平桌面上，有一长为 $2L$、质量为 m 的匀质细杆，可绕过其中点且垂直于杆的竖直光滑固定轴 O 自由转动，其转动惯量为 $1/3mL^2$，起初杆静止。桌面上有两个质量均为 m 的小球，各自在垂直于杆的方向上，正对着杆的一端，以相同的速率 v 相向运动。当两小球同时与杆的两个端点发生完全非弹性碰撞后与杆粘在一起转动，则这一系统碰撞后的转动角速度为（　　）。

(俯视图)

题 10 图

A. $\frac{2v}{3L}$　　B. $\frac{4v}{5L}$　　C. $\frac{6v}{7L}$　　D. $\frac{8v}{9L}$

三、填空题

1. 半径为 $r=1.5\text{m}$ 的飞轮，初角速度 $\omega_0=10\text{rad/s}$，角加速度 $\beta=-5\text{rad/s}^2$，若初始时刻角位移为零，则在 $t=$________时角位移再次为零，而此时边缘上点的线速度 $v=$________。

2. 某电动机启动后转速随时间变化关系为 $\omega=\omega_0(1-\text{e}^{-\frac{t}{\tau}})$，则角加速度随时间的变化关系为________。

3. 一飞轮作匀减速运动，在 5s 内角速度由 $40\pi\text{rad/s}$ 减到 $10\pi\text{rad/s}$，则飞轮在这 5s 内总共转过了________圈，飞轮再经________ s 才能停止转动。

4. 在质量为 m_1、长为 $l/2$ 的细棒与质量为 m_2 长为 $l/2$ 的细棒中间，嵌有一质量为 m 的

小球，如图所示，则该系统对棒的端点 O 的转动惯量 $J=$________。

5. 在光滑的水平环形沟槽内，用细绳将两个质量分别为 m_1 和 m_2 的小球系于一轻弹簧的两端，使弹簧处于压缩状态，现将绳烧断，两球向相反方向在沟槽内运动，在两球相遇之前的过程中系统的守恒量是________。

6. 一电唱机转盘以 $n=78\text{r/min}$ 的转速匀速转动，则与转轴相距 $r=15\text{cm}$ 的转盘上一点 p 的线速度为________，法向加速度为________。在电唱机断电后，转盘在恒定阻力矩作用下减速，并在 $t=15\text{s}$ 内停止，则转盘在停止转动前的角加速度为________，转动的圈数为________。

7. 如图所示，一根质量为 m、长度为 L 的匀质细直棒，平放在水平桌面上。若它与桌面间的滑动摩擦系数为 μ，在 $t=0$ 时，使该棒绕过其一端的竖直轴在水平桌面上旋转，其初始角速度为 ω_0，则棒停止转动所需时间为________。

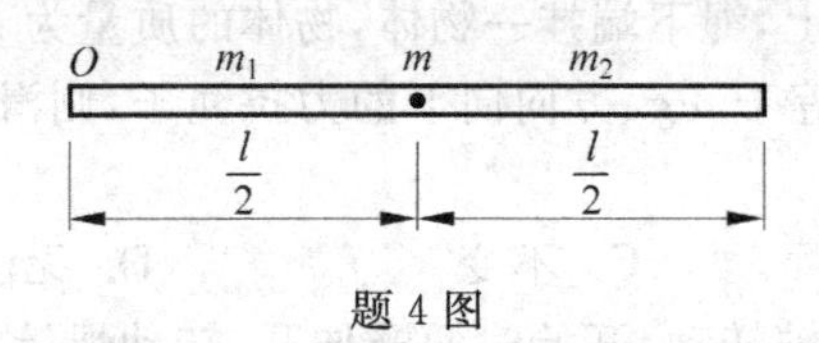

题 4 图

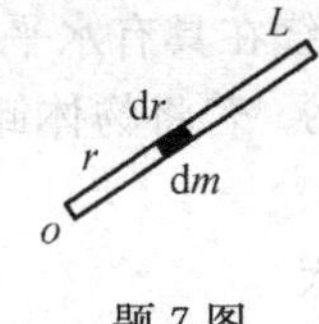

题 7 图

8. 在自由旋转的水平圆盘上，站一质量为 m 的人。圆盘半径为 R，转动惯量为 J，角速度为 ω。如果这人由盘边走到盘心，则角速度的变化 $\Delta\omega=$________；系统动能的变化 $\Delta E_k=$________。

9. 一转动惯量 J 的圆盘，绕一固定轴转动，其初始角速度为 ω_0，设它所受的阻力矩与转动角速度成正比，即 $M=-k\omega$（k 为正的常数），若它的角速度由 ω_0 变为 $\frac{\omega_0}{2}$，则所需的时间 $t=$________。

10. 如图所示，一轻绳跨过两个质量均为 m、半径均为 R 的匀质圆盘状定滑轮。绳的两端系着质量分别为 m 和 $2m$ 的重物，不计滑轮转轴的摩擦。将系统由静止释放，且绳与两滑轮间均无相对滑动，则两滑轮之间绳的张力为________。

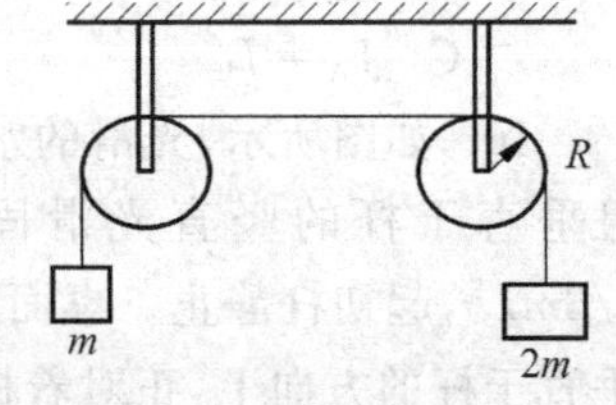

题 10 图

四、计算题

1. 一半径为 R、质量为 m 的均质圆盘，按 $\theta=2+2t+t^2\,(\text{rad})$ 规律绕中心轴转动，求：(1)圆盘角速度、角加速度；(2)圆盘边缘一点任一时刻的线速度、切向加速度、法向加速度；(3)圆盘的角动量、转动动能。

2. 如图所示，质量分别为 m_1 与 m_2 的两物体 A 和 B 挂在组合轮的两端，设两轮的半径分别为 R 和 r，两轮的转动惯量分别为 J_1 和 J_2，求两物体的加速度及绳中的张力（设绳子与滑轮间无相对滑动，滑轮与转轴无摩擦）。

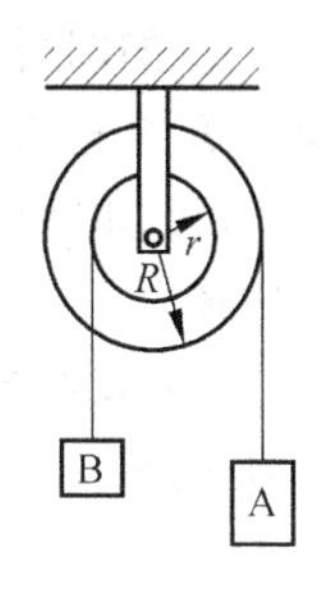

题 2 图

3. 如图所示，一物体质量为 $m=20\text{kg}$，沿一和水平面成 30°角的斜面下滑，滑动摩擦因数为 $1/(2\sqrt{3})$，绳的一端系于物体上，另一端绕在匀质飞轮上，飞轮可绕中心轴转动，质量为 $M=10\text{kg}$，半径为 0.1m，求：

(1) 物体的加速度；

(2) 绳中的张力。

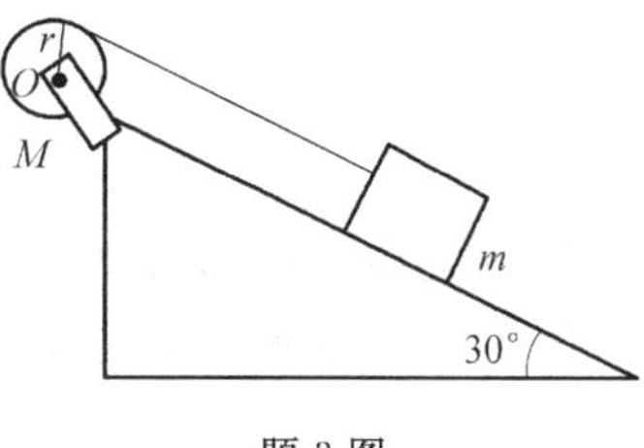

题 3 图

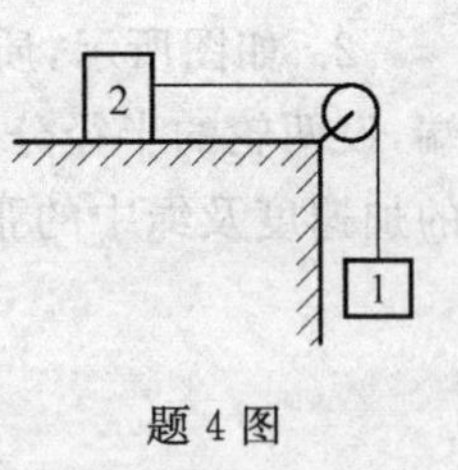

题 4 图

4. 如图所示，物体 1 和 2 的质量分别为 m_1 与 m_2，滑轮的转动惯量为 J，半径为 r。

(1) 如物体 2 与桌面间的摩擦系数为 μ，求系统的加速度 a 及绳中的张力 T_1 和 T_2；

(2) 如物体 2 与桌面间为光滑接触，求系统的加速度 a 及绳中的张力 T_1 和 T_2(设绳子与滑轮间无相对滑动，滑轮与转轴无摩擦)。

5. 一匀质细杆，质量为 0.5kg，长为 0.4m，可绕杆一端的水平轴旋转。若将此杆放在水平位置，然后从静止释放，试求杆转动到铅直位置时的动能和角速度。

6. 如图所示，滑轮的转动惯量 $J=0.5\text{kg}\cdot\text{m}^2$，半径 $r=30\text{cm}$，弹簧的劲度系数 $k=2.0\text{N/m}$，重物的质量 $m=2.0\text{kg}$。当此滑轮-重物系统从静止开始启动，开始时弹簧没有伸长。滑轮与绳子间无相对滑动，其他部分摩擦忽略不计。问物体能沿斜面下滑多远？当物体沿斜面下滑 1.00m 时，它的速率有多大？

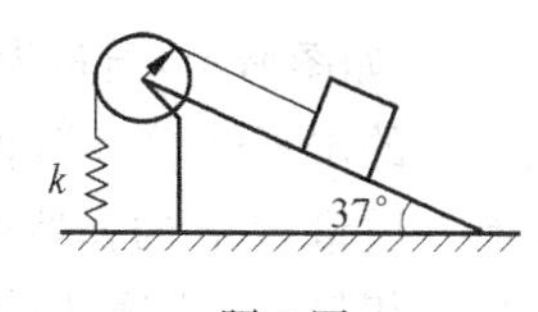

题 6 图

7. 长 $l=0.40\text{m}$、质量 $M=1.00\text{kg}$ 的匀质木棒，可绕水平轴 O 在竖直平面内转动，开始时棒自然竖直悬垂，现有质量 $m=8\text{g}$ 的子弹以 $v=200\text{m/s}$ 的速率从 A 点射入棒中，A、O 点的距离为 $3l/4$，如图所示。求：

(1) 棒开始运动时的角速度；(2) 棒的最大偏转角。

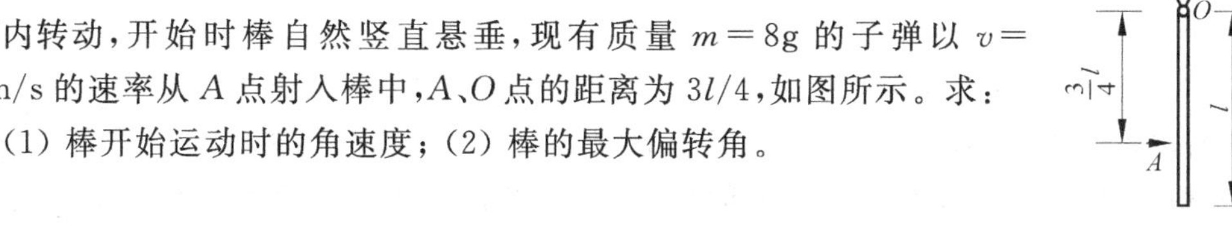

题 7 图

8. 如图所示，质量为M、长为l的均匀直棒，可绕垂直于棒的一端的水平轴O无摩擦地转动。它原来静止在平衡位置上。现有一质量为m的弹性小球飞来，正好在棒的下端与棒垂直地相撞。相撞后，使棒从平衡位置处摆动到最大角度$\theta=30°$处。这碰撞设为弹性碰撞，求：

(1) 小球初速度v_0的值；

(2) 相撞时，小球受到多大的冲量？

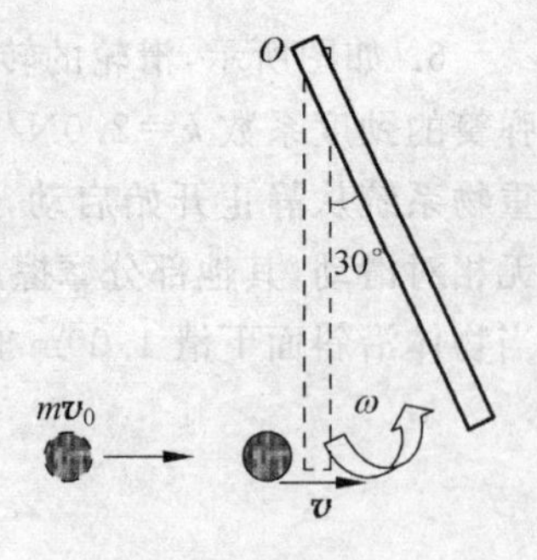

题8图

9. 如图所示，转台绕中心竖直轴以角速度ω作匀速转动。转台对该轴的转动惯量$J=5\times10^5\mathrm{kg\cdot m^2}$。现有砂粒以1g/s的流量落到转台上，并粘在台面形成一半径$r=0.1\mathrm{m}$的圆。试求砂粒落到转台，使转台角速度变为$\omega/2$所花的时间。

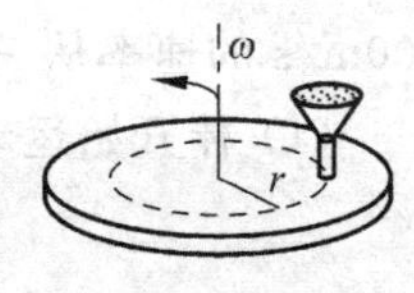

题9图

10. 如图所示，质量 $m=60\text{kg}$、半径 $R=0.25\text{m}$ 的飞轮以 $n=10^3 \text{r}\cdot\text{min}^{-1}$ 的转速高速运转，如果用闸瓦将其在 5s 内停止转动，则制动力需要多大？设闸瓦和飞轮间的摩擦系数 $\mu=0.40$，飞轮的质量全部分布在轮缘上。

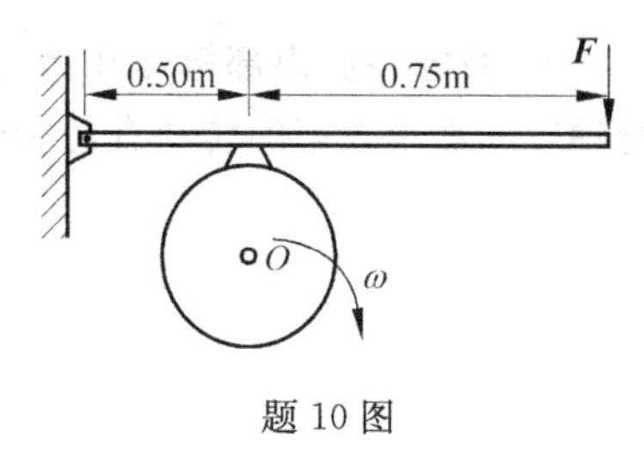

题 10 图

五、思考题

1. 火车在拐弯时所作的运动是不是平动？

2. 假定一次内部爆炸在地面上开出巨大的洞穴，它的表面被向外推出，这对地球绕自身轴转动和绕太阳的转动有何影响？

3. 对静止的刚体施以外力作用，如果合外力为零，刚体会不会运动？

4. 如果刚体转动的角速度很大，那么，(1)作用在它上面的力是否一定很大？(2)作用在它上面的力矩是否一定很大？

5．为什么在研究刚体转动时，要研究力矩的作用？力矩和哪些因素有关？

6．匀质细棒在光滑平面上受到一对大小相等、方向相反的力作用时，不管力作用在哪些地方，它的质心加速度总是零吗？为什么？

7．在计算物体的转动惯量时，能把物体的质量看作集中在质心处吗？

8. 一个转动着的飞轮，如不供给它能量，最终将停下来，试用转动定律解释这个现象。

9. 将一个生鸡蛋和一个熟鸡蛋放在桌子上使它们旋转，如何判定哪个是生的，哪个是熟的？为什么？

10. 两个质量相等的小孩，分别抓住跨过定滑轮的绳子的两端，一个用力往上爬，另一个不动，问哪一个先到达滑轮处？如果小孩质量不等，情况又将如何(滑轮和绳子质量可以忽略)？

第4章　静　电　场

一、判断题

1. 如果高斯面内无电荷，则高斯面上电场强度 E 处处为零。（　　）

2. 高斯定理 $\oint_S D \cdot \mathrm{d}s = \int_V \rho \mathrm{d}V$ 适用于任何静电场。（　　）

3. 由高斯定理求得的场强只由高斯面内电荷所激发。（　　）

4. 在以点电荷为中心的球面上，由该点产生的场强处处相同。（　　）

5. 均匀带电的球壳，球心处场强为零。（　　）

6. 电势零点只能取在无穷远处。（　　）

7. 一组点电荷所激发的电场中某点的电场强度等于各点电荷单独存在时在该点激发的电场强度的矢量和。（　　）

8. 电场强度通量表示的是电场中通过某一个面的电场线条数。（　　）

9. 在静电场中，电场强度的环流可以不为零。（　　）

10. 在任何静电场中，等势面与电场线处处正交。（　　）

二、选择题

1. 关于高斯定理的理解有下面几种说法，其中正确的是（　　）。

A. 如果高斯面上 E 处处为零，则该面内必无电荷

B. 如果高斯面内无电荷，则高斯面上 E 处处为零

C. 如果高斯面上 E 处处不为零，则高斯面内必有电荷

D. 如果高斯面内有电荷，则通过高斯面的电场强度通量必不为零

2. 两个同心的均匀带电球面，内球面半径为 R_1、带有电荷 Q_1，外球面半径为 R_2、带有电荷 Q_2，则在内球面里面距离球心为 $r(r<R_1<R_2)$ 处的 P 点的场强大小 E 为（　　）。

A. $\frac{Q_1+Q_2}{4\pi\varepsilon_0 r^2}$　　B. $\frac{Q_1}{4\pi\varepsilon_0 R_1^2}+\frac{Q_2}{4\pi\varepsilon_0 R_2^2}$　　C. $\frac{Q_1}{4\pi\varepsilon_0 r^2}$　　D. 0

3. 在已知静电场分布的条件下，任意两点 P_1 和 P_2 之间的电势差决定于（　　）。

A. P_1 和 P_2 两点的位置

B. P_1 和 P_2 两点处的电场强度的大小和方向

C. 试验电荷所带电荷的正负

D. 试验电荷的电荷大小

4. 关于电场强度定义式 $\boldsymbol{E}=\frac{\boldsymbol{F}}{q_0}$，下列说法中正确的是（　　）。

A. 电场强度 $\boldsymbol{E}$ 的大小与试探电荷 q_0 的大小成反比

B. 对场中某点,试探电荷受力 $\boldsymbol{F}$ 与 q_0 的比值不因 q_0 而变

C. 试探电荷受力 $\boldsymbol{F}$ 的方向就是电场强度 $\boldsymbol{E}$ 的方向

D. 若场中某点不放试探电荷 q_0,则 $F=0$,从而 $E=0$

5. 下面列出的真空中静电场的电场强度公式,其中正确的是(　　)。

A. 点电荷 q 的电场强度 $\boldsymbol{E}=\frac{q}{4\pi\varepsilon_0 r^2}$($r$ 为点电荷到场点的距离)

B. “无限长”均匀带电直线(电荷线密度 λ)的电场强度 $\boldsymbol{E}=\frac{\lambda}{2\pi\varepsilon_0 r^3}\boldsymbol{r}$($\boldsymbol{r}$ 为带电直线到场点的垂直于直线的矢量)

C. “无限大”均匀带电平面(电荷面密度 σ)的电场强度 $\boldsymbol{E}=\frac{\sigma}{2\varepsilon_0}$

D. 半径为 R 的均匀带电球面(电荷面密度 σ)外的电场强度 $\boldsymbol{E}=\frac{\sigma R^2}{\varepsilon_0 r^3}\boldsymbol{r}$($\boldsymbol{r}$ 为球心到场点的矢量)

6. 真空中有两个点电荷 M、N,相互间作用力为 F,当另一点电荷 Q 移近这两个点电荷时,M、N 两点电荷之间的作用力(　　)。

A. 大小不变,方向改变

B. 大小改变,方向不变

C. 大小和方向都不变

D. 大小和方向都改变

7. 真空中 A、B 两平行金属板,相距 d,板面积为无限大,各带电 $+q$ 和 $-q$,两板间作用力的大小为(　　)。

A. $\frac{q^2}{\varepsilon_0 S}$　　B. $\frac{q^2}{4\pi\varepsilon_0 d}$　　C. $\frac{q^2}{2\varepsilon_0 S}$　　D. $\frac{q^2}{2\varepsilon_0 Sd}$

8. 半径为 r 均匀带电球面 1,带电量为 q; 其外有一同心半径为 R 的均匀带电球面 2,带电量为 Q,则此两球面之间的电势差 U_1-U_2 为(　　)。

A. $\frac{q}{4\pi\varepsilon_0}\left(\frac{1}{r}-\frac{1}{R}\right)$　　B. $\frac{Q}{4\pi\varepsilon_0}\left(\frac{1}{R}-\frac{1}{r}\right)$　　C. $\frac{1}{4\pi\varepsilon_0}\left(\frac{q}{r}-\frac{Q}{R}\right)$　　D. $\frac{q}{4\pi\varepsilon_0 r}$

9. 一点电荷放在球形高斯面的球心处,下列情况使高斯面的通量发生变化的是(　　)。

A. 点电荷离开球心,但仍在球面内　　B. 有另一个电荷放在球面外

C. 有另一个电荷放在球面内　　D. 此高斯面被一正方体表面代表

10. 一均匀带电球面,若球内电场强度处处为零,则球面上的带电量 $\sigma\mathrm{d}S$ 面元在球面内产生的电场强度是(　　)。

A. 处处为零　　B. 不一定为零　　C. 一定不为零　　D. 是常数

三、填空题

1. 电量为 -5×10^{-9}C 的试验电荷放在电场中某点时,受到 20×10^{-9}N 的向下的力,则该点的电场强度大小为________。

2. 一均匀静电场,电场强度 $\boldsymbol{E}=(400\boldsymbol{i}+600\boldsymbol{j})$V/m,求点 $a(3,2)$ 和点 $b(1,0)$ 之间的电势差 U_{ab}________。

3. 在点电荷$+q$的电场中，若取图中P点处为电势零点，则M点的电势为________。

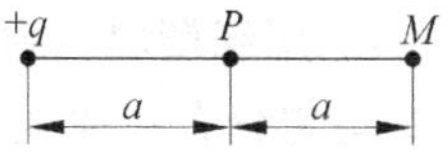

题3图

4. 真空中有一半径为R均匀带正电细圆环，则电荷在圆心处产生的电场强度$\boldsymbol{E}$的大小为________。

5. 描述静电场性质的两个基本物理量是________、________。

6. 半径为R的非均匀带电球体，电荷体密度分布为$\rho=Ar$，式中r为离球心的距离，A为一常数，则球体上的总电量$Q=$________。

7. 半径为R的金属球离地面很远，并用导线与地相连，在与球心相距为$d=3R$处有一点电荷$+q$，则金属球上的感应电荷的电量为________。

8. 均匀带电球壳内半径为6cm，外半径为10cm，电荷体密度为$2\times10^{-5}\mathrm{C/m^3}$，求距球心8cm处的电场强度________。

9. 空气可以承受的电场强度的最大值为$E=30\mathrm{kV/cm}$，超过这个数值时空气要发生火花放电。有一高压平行板电容器，极板间的距离为$d=0.5\mathrm{cm}$，此电容器可承受的最高电压为 ________。

10. 两个无限大平行平面带电导体板，相向的两面上，其电荷的面密度________（大小、符号的关系）。

四、计算题

1. 如图所示，直角三角形ABC的A点上，有电荷$q_1=1.8\times10^{-9}\mathrm{C}$，$B$点上有电荷$q_2=-4.8\times10^{-9}\mathrm{C}$，试求$C$点的电场强度（设$BC=0.04\mathrm{m}$，$AC=0.03\mathrm{m}$）。

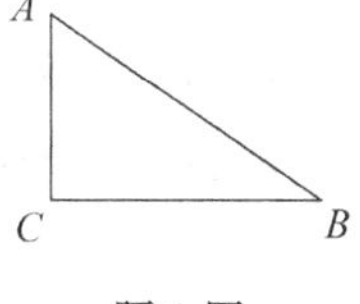

题1图

2. 用细塑料棒弯成半径为 50cm 的圆环，两端间空隙为 2cm，电量为 3.12×10^{-9}C 的正电荷均匀分布在棒上，求圆心处电场强度的大小和方向。

3. 如图所示，一厚度为 d 的无限大均匀带电平板，电荷的体密度为 ρ，求板内外的电场强度大小分布，画出 E-x 曲线。

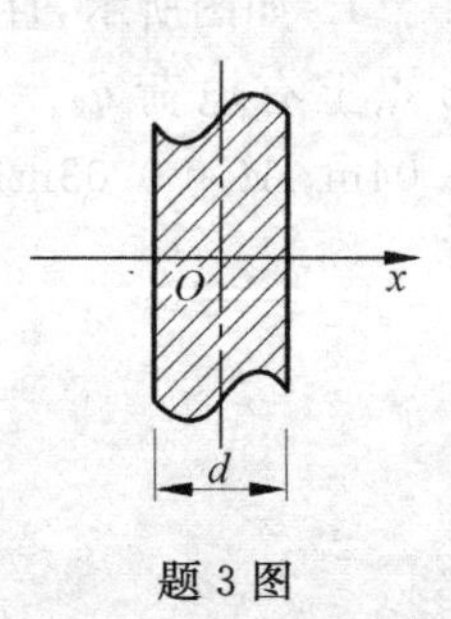

题 3 图

4. 设真空中静电场 $\boldsymbol{E}$ 的分布为 $\boldsymbol{E}=cx\boldsymbol{i}$，$c$ 为常数，求空间电荷的分布。

5. 电荷量 Q 均匀分布在半径为 R 的球体内，试求：离球心 r 处（$r<R$）P 点的电势。

6. 如图所示，电荷以相同的面密度 σ 分布在半径为 $r_1=10\text{cm}$ 和 $r_2=20\text{cm}$ 的两个同心球面上，设无穷远处电势为零，球心处的电势为 $U_0=300\text{V}$。

(1) 求电荷面密度 σ。

(2) 若要使球心处的电势也为零，外球面上电荷面密度 σ 为多少？

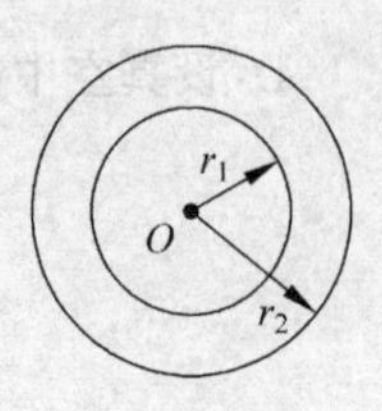

题 6 图

7. 如图所示，半径为 R 的均匀带电球面，带有电荷 q，沿某一半径方向上有一均匀带电细线，电荷线密度为 λ，长度为 l，细线左端离球心距离为 r_0。设球和线上的电荷分布不受相互作用影响，试求细线所受球面电荷的电场力和细线在该电场中的电势能，设无穷远处的电势为零。

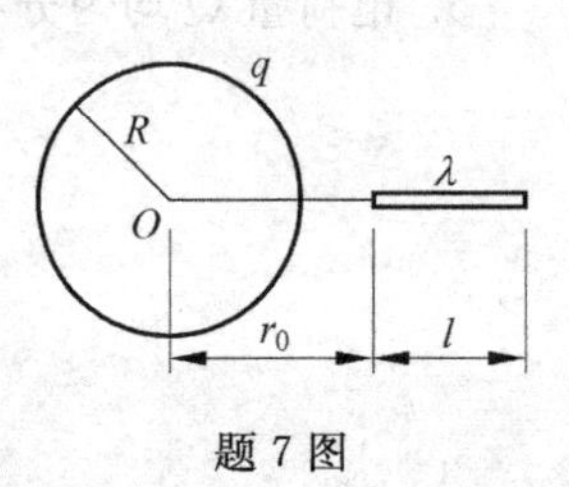

题 7 图

8. 如图所示，一个半径为 R 的均匀带电圆板，其电荷面密度为 σ。有一质量为 m，电荷为 $-q$ 的粒子沿圆板轴线（x 轴）方向向圆板运动，已知在距离圆心 O 为 b 的位置上，粒子的速度为 v_0，求粒子击中圆板时的速度（设圆板带电的均匀性始终不变）。

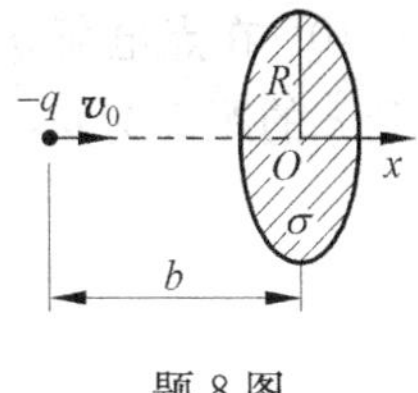

题8图

9.（1）点电荷 q 位于一边长为 a 的立方体中心，试求在该点电荷电场中穿过立方体的一个面的电通量；（2）如果该场源点电荷移动到该立方体的一个顶点上，这时穿过立方体各面的电通量是多少？

10. 在点电荷 q 的电场中，取一半径为 R 的圆形平面(如图所示)，平面到 q 的距离为 d，试求通过该平面的电通量。

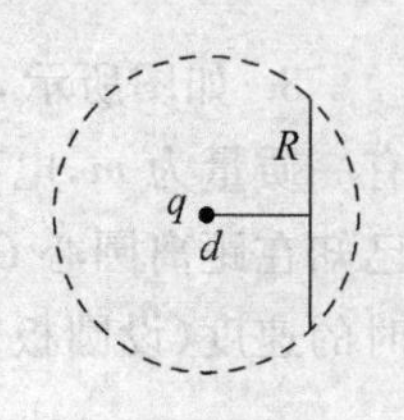

题 10 图

五、思考题

1. 如何判断电场强度方向？

2. 如何比较电场中任意两点电势的高低？

3. $\boldsymbol{E}=\dfrac{\boldsymbol{F}}{q_0}$与$\boldsymbol{E}=\dfrac{q}{4\pi\varepsilon_0 r^2}\boldsymbol{r}_0$两式有什么区别与联系？

4. 高斯面上电场强度处处为零时，高斯面内必定没有电荷。这种说法是否正确？

5. 在电势不变的空间内，电场强度是否为零？

6. 在电场强度为零处，电势是否一定为零？

7. 一个均匀带电球形橡皮气球，在其被吹大的过程中，气球内部的电场强度将如何变化？

8. 穿过高斯面的电通量为零时，高斯面上各点的电场强度必为零，这种说法对吗？为什么？

9. 在什么条件下，一个带电体才能视为点电荷？

10. 在电势为零处，电场强度是否一定为零？

第 5 章　静电场中的导体和电介质

一、判断题

1. 电极化强度 P 是一个描述电介质极化强弱的物理量，反映了电介质内分子电偶极矩排列的有序或无序程度，如果排列越整齐，电极化强度越小。（　　）

2. 电容器的电容不仅与电容器的大小、形状有关，而且还与电容器两极板间的电介质种类有关。（　　）

3. 静电平衡时，导体内无净电荷，电荷只分布在导体外表面上。（　　）

4. 对于孤立导体，实验证明，面电荷密度反比于表面曲率。（　　）

5. 静电场中电介质的极化程度随着外场强 $E_{外}$ 的强度的提高而增强。（　　）

6. 均匀电介质体内无净电荷，束缚电荷只出现在表面上。（　　）

7. 电介质的电极化与导体的静电平衡的原理与结果是相同的。（　　）

8. 几个电容器串联可获得较大的电容值，并且每个电容器两极板间所承受的电势差和单独使用时不同。（　　）

9. 在电场中有电介质存在的情况下，电介质内外任一点的电场强度 E 都比自由电荷分布相同而无介质时的电场强度 E_0 要小。（　　）

10. 在任何情况下电位移矢量 $\boldsymbol{D}$ 只与自由电荷有关，而与束缚电荷无关。（　　）

二、选择题

1. 带电导体达到静电平衡时，其正确结论是（　　）。

　A. 导体表面上曲率半径小处电荷密度较小

　B. 表面曲率较小处电势较高

　C. 导体内部任一点电势都为零

　D. 导体内任一点与其表面上任一点的电势差等于零

2. 当平行板电容器充电后，去掉电源，在两极板间充满电介质，其正确的结果是（　　）。

　A. 极板上自由电荷减少　　B. 两极板间电势差变大

　C. 两极板间电场强度变小　　D. 两极板间电场强度不变

3. 在一个原来不带电的外表面为球形的空腔导体 A 内，放有一带电量为 $+Q$ 的带电导体 B，如图所示，则比较空腔导体 A 的电势 U_A 和导体 B 的电势 U_B 时，可得以下结论（　　）。

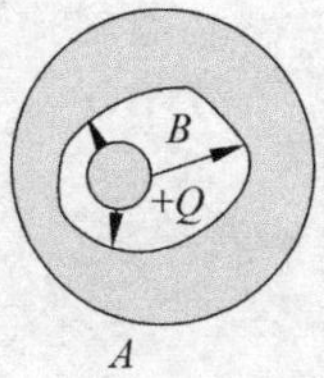

　A. $U_A = U_B$

　B. $U_A > U_B$

　C. $U_A < U_B$

　D. 因空腔形状不是球形，两者无法比较

题 3 图

4. 一导体球外充满相对介电常量为 ε_r 的均匀电介质，若测得导体表面附近场强为 E，则导体球面上的自由电荷面密度 σ_0 为（　　）。

A. $\varepsilon_0 E$　　B. $\varepsilon_0\varepsilon_r E$　　C. $\varepsilon_r E$　　D. $(\varepsilon_0\varepsilon_r-\varepsilon_0)E$

5. 两个同心薄金属球壳,半径分别为 R_1 和 $R_2(R_1<R_2)$,若内球壳带上电荷 Q,则两者的电势分别为 $U_1=\frac{Q}{4\pi\varepsilon_0 R_1}$ 和 $U_2=\frac{Q}{4\pi\varepsilon_0 R_2}$(选无穷远处为电势零点)。现用导线将两球壳相连接,则它们的电势为(　　)。

A. U_1　　B. $\frac{1}{2}(U_1+U_2)$　　C. U_1+U_2　　D. U_2

6. 一个不带电的空腔导体球壳,内半径为 R。在腔内离球心的距离为 a 处放一点电荷 $+q$,如图所示。用导线把球壳接地后,再把地线撤去。选无穷远处为电势零点,则球心 O 处的电势为(　　)。

A. $\frac{q}{2\pi\varepsilon_0 a}$　　B. 0　　C. $-\frac{q}{4\pi\varepsilon_0 R}$　　D. $\frac{q}{4\pi\varepsilon_0}\left(\frac{1}{a}-\frac{1}{R}\right)$

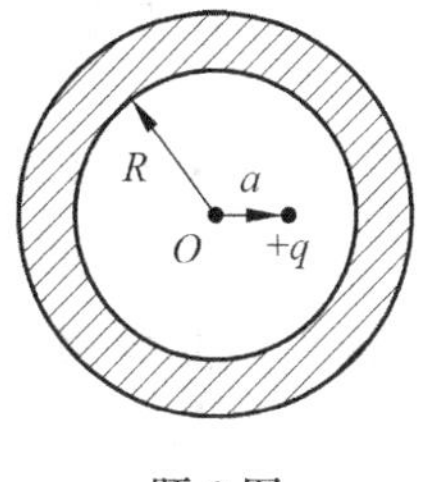

题 6 图

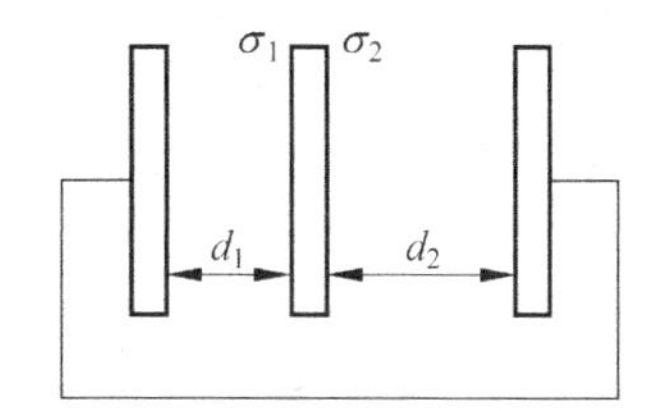

题 7 图

7. 三块互相平行的导体板之间的距离 d_1 和 d_2 比板面积线度小得多,如果 $d_2=2d_1$,外面二板用导线连接,中间板上带电。设左右两面上电荷面密度分别为 σ_1 和 σ_2,如图所示,则 σ_1/σ_2 为(　　)。

A. 1　　B. 2　　C. 3　　D. 4

8. 一均匀带电球体如图所示,总电荷为 $+Q$,其外部同心地罩一内、外半径分别为 r_1、r_2 的金属球壳。设无穷远处为电势零点,则在球壳内半径为 r 的 P 点处的场强和电势分别为(　　)。

A. $\frac{Q}{4\pi\varepsilon_0 r^2}$,0　　B. 0,$\frac{Q}{4\pi\varepsilon_0 r_2}$　　C. 0,$\frac{Q}{4\pi\varepsilon_0 r}$　　D. 0,0

9. 一"无限大"均匀带电平面 A,其附近放一与它平行的有一定厚度的"无限大"平面导体板 B,如图所示。已知 A 上的电荷面密度为 $+\sigma$,则在导体板 B 的两个表面 1 和 2 上的电荷面密度为(　　)。

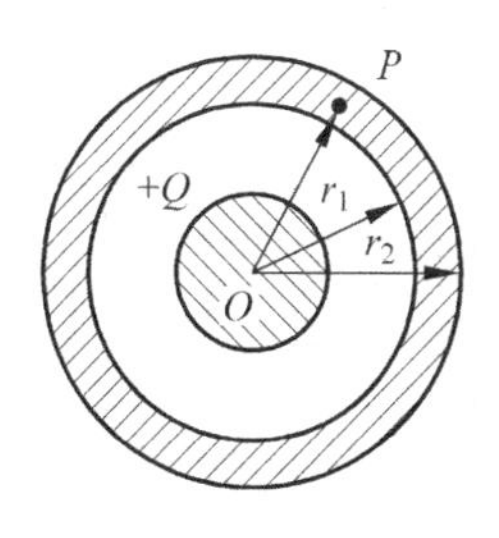

题 8 图

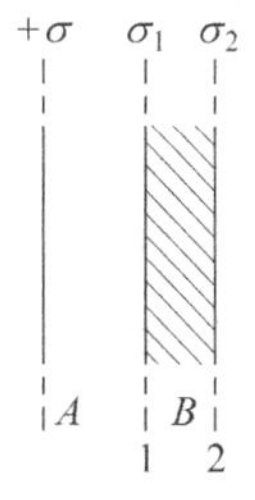

题 9 图

A. $\sigma_1=-\sigma,\sigma_2=+\sigma$　　B. $\sigma_1=-\frac{1}{2}\sigma,\sigma_2=+\frac{1}{2}\sigma$

C. $\sigma_1=-\frac{1}{2}\sigma,\sigma_2=-\frac{1}{2}\sigma$　　D. $\sigma_1=-\sigma,\sigma_2=0$

10. 一个平行板电容器，充电后断开电源，使电容器两极板间距离变小，则两极板间的电势差U_{12}、电场强度的大小E、电场能量W将发生如下变化：(　　)。

A. U_{12}减小，E减小，W减小　　B. U_{12}增大，E增大，W增大

C. U_{12}增大，E不变，W增大　　D. U_{12}减小，E不变，W减小

三、填空题

1. 将一负电荷从无限远处移到一个不带电的导体附近，则导体内的场强________，导体的电势________。

2. 分子的正负电荷中心重合的电介质叫做________电介质。在外电场作用下，分子的正负电荷中心发生相对位移，形成位移________。

3. 在相对电容率为ε_r的各向同性的电介质中，电位移矢量$\boldsymbol{D}$与场强$\boldsymbol{E}$之间的关系是________。

4. 一平行板电容器，充电后与电源保持连接，然后使两极板间充满相对电容率为ε_r的各向同性均匀电介质，这时两极板上的电荷是原来的________倍，电场强度是原来的________倍，电场能量是原来的________倍。

5. 一平行板电容器，两板间充满各向同性均匀电介质，已知相对电容率为ε_r。若极板上的自由电荷面密度为σ，则介质中电位移的大小D=________，电场强度的大小E=________。

6. 一平行板电容器充电后切断电源，若使两电极板距离增加，则两极板间电势差将________，电容将________(填“增大”或“减小”或“不变”)。

7. 如图所示，两块很大的导体平板平行放置，面积都是S，有一定厚度，带电荷分别为Q_1，Q_2，如不计边缘效应，则A、B、C、D这4个表面上的电荷面密度分别为________、________、________、________。

8. 一金属球壳的内外半径分别为R_1、R_2，带电荷为Q，在球心处有一电荷为q的点电荷。则球壳外表面上的电荷面密度________。

9. 如果地球表面附近的电场强度为$200\mathrm{N\cdot C^{-1}}$，把地球看做半径为$6.4\times10^6\mathrm{m}$的导体球，则地球表面的电荷$Q$=________$\left(\frac{1}{4\pi\varepsilon_0}=9\times10^9\mathrm{N\cdot m^2/C^2}\right)$。

10. 如图所示，在静电场中有一立方形均匀导体，边长为a，已知立方体中心O处的电势为U_0，则立方体顶点A的电势为________。

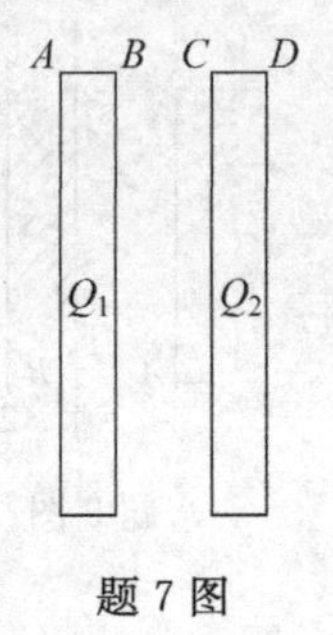

题7图

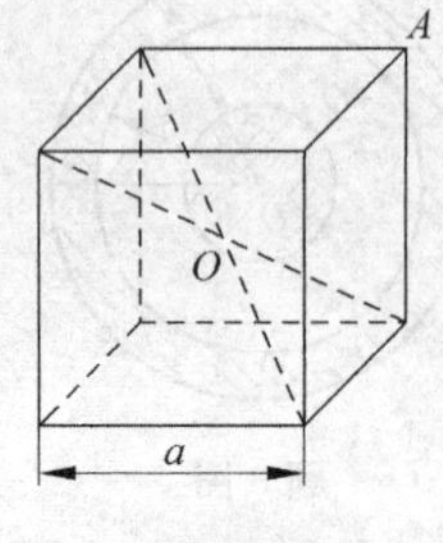

题10图

四、计算题

1. 无限大均匀带电平面 A 的带电量为 q，在它的附近放一块与 A 平行的金属导体板 B，板 B 有一定厚度，如图所示，则在板 B 的两个表面 1 和 2 上的感应电荷分别是多少？

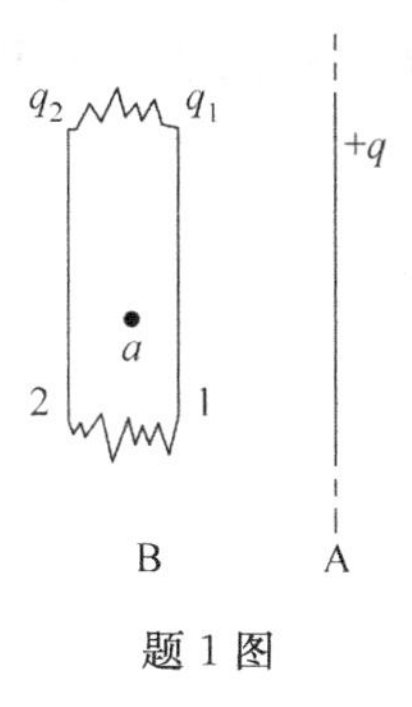

题 1 图

2. 半径为 $R_1=1.0\text{cm}$ 的导体球，带有电荷 $q=1.0\times10^{-10}\text{C}$，球外有一个内外半径分别为 $R_2=3.0\text{cm}$ 和 $R_3=4.0\text{cm}$ 的同心导体球壳，壳上带有电荷 $Q=11\times10^{-10}\text{C}$，试计算：

(1) 两球的电势 U_1 和 U_2；

(2) 用导线把球和球壳接在一起后，U_1 和 U_2 分别是多少？

(3) 若外球接地，U_1 和 U_2 为多少？

(4) 若内球接地，U_1 和 U_2 为多少？

3. 两个同心的薄金属球壳，内、外半径分别为 R_1 和 R_2。球壳之间充满两层均匀电介质，其相对电容率分别为 ε_{r1} 和 ε_{r2}，两层电介质的分界面半径为 R。设内球壳带有电荷 Q，求电位移、场强分布和两球壳之间的电势差。

4. 在极板间距为 d 的空气平行板电容器中，平行于极板插入一块厚度为 $d/2$、面积与极板相同的金属板后，其电容为原来电容的多少倍？如果平行插入的是相对电容率为 ε_r 的与金属板厚度、面积均相同的介质板则又如何？

5．一半径为 R 的球体，均匀带电，总电荷量为 Q，求其静电能。

6．一圆柱形电容器内外两极板的半径分别为 a 和 b，试证其带电后所储存的电场能量的一半是在半径为 $r=\sqrt{ab}$ 的圆柱面内部。

7. 图示为一半径为 a、带有正电荷 Q 的导体球，球外有一内半径为 b、外半径为 c 的不带电的同心导体球壳。设无限远处为电势零点，试求内球和外壳的电势。

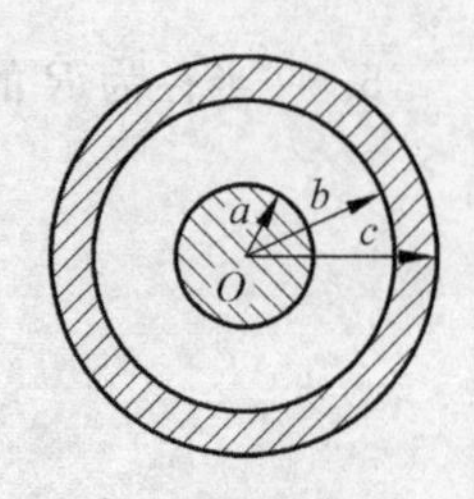

题 7 图

8. 一圆柱形电容器，由截面半径为 R 的导体圆柱和与它共轴的导体圆筒组成，圆筒半径 $R_2=8R$，在内圆柱与 $R_1=4R$ 之间充满相对介电常数 $\varepsilon_r=2$ 的均匀电介质，如图所示，略去边缘效应。求：

(1) 该电容器单位长度的电容；

(2) 将该电容充电至两极板间的电势差为 $U=100\text{V}$，则单位长度上的电场能量是多少(圆筒接地)？

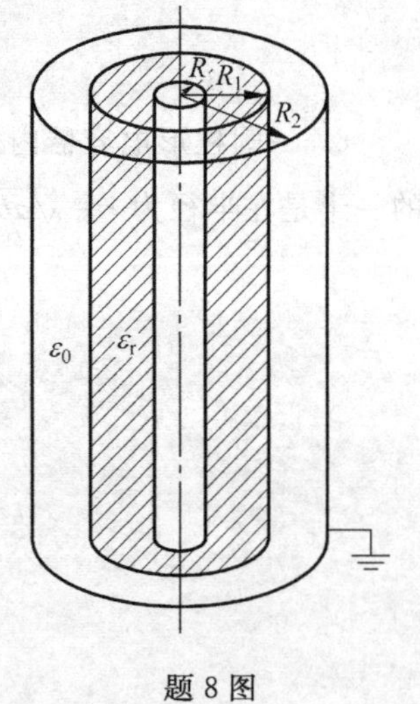

题 8 图

9. 一平行板电容器，其极板面积为 S，两极的距离为 $d(d\ll\sqrt{S})$，中间充有两种各向同性的均匀电介质，其界面与极板平行，相对电容率分别为 ε_{r1}、ε_{r2}，厚度分别为 d_1 和 d_2，且 $d_1+d_2=d$，如图所示。设两极板上所带电荷分别为 $+Q$ 和 $-Q$，求：

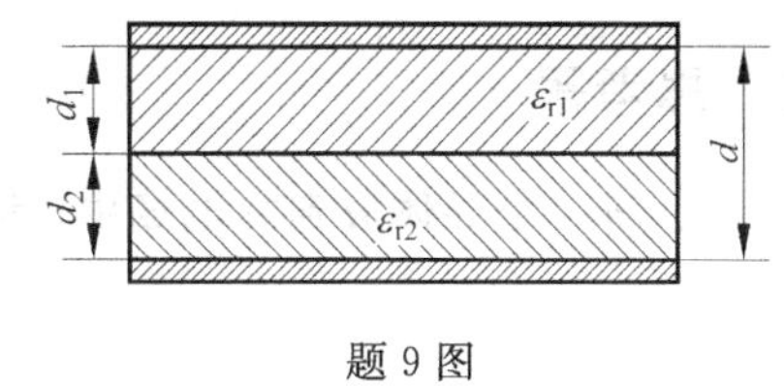

题 9 图

(1) 电容器的电容；

(2) 电容器储存的能量。

10. 设一半径为 R 的各向同性均匀电介质球体均匀带电，其自由电荷体密度为 ρ，球体内的介电常数为 ε_1，球体外充满介电常数为 ε_2 的各向同性均匀电介质。求球内外任一点的场强大小和电势(设无穷远处为电势零点)。

五、思考题

1. 将一个导体放到静电场中，达到静电平衡时导体内外的场强有什么特点？

2. 静电场中的电介质有哪几种？极化的特点分别是什么？

3. 把一个带电物体移近一个导体壳，带电体单独在导体壳的腔内产生的电场是否为零？静电屏蔽效应是如何发生的？

4. 由极性分子组成的液态电介质，其相对介电常数在温度升高时是增大还是减小？

5. 无限大均匀带电平面（面电荷密度为 σ）两侧场强为 $E=\sigma/(2\varepsilon_0)$，而在静电平衡状态下，导体表面（该处表面面电荷密度为 σ）附近场强为 $E=\sigma/\varepsilon_0$，为什么前者比后者小一半？

6. 为什么高压电器设备上的金属部件的表面尽可能不带棱角？

7. 一对相同的电容器,分别串联、并联后连接到相同的电源上,问哪一种情况用手去触及极板较为危险?说明其原因。

8. 用力 F 把电容器中的电介质板拉出,在下述两种情况下,电容器中储存的静电能量是增加、减少还是不变?(1)充电后断开电源;(2)维持电源不断开。

9. 在电场强度相同的情况下,电介质中的电场和真空中电场比较,它们的电场能量密度哪个大?为什么?

10. 电容器的储能公式有下列形式：

$$W = \frac{1}{2}CU^2 \qquad ①$$

$$W = \frac{1}{2}Q^2/C \qquad ②$$

当电容 C 减小时，有人得出“由式①看 W 应减小，而从式②看 W 又应增大”的相互矛盾的结论。试分析说明得出上述矛盾结论的原因。

第6章 稳恒磁场

一、判断题

1. 稳恒磁场的磁感应线为闭合曲线。 (　　)

2. 稳恒磁场是保守场。 (　　)

3. 速度不为零的电荷在稳恒磁场中所受的洛伦兹力一定不为零。 (　　)

4. 稳恒磁场是有源场。 (　　)

5. 洛伦兹力可以增加带电粒子的动能。 (　　)

6. 地磁体的磁感应线是从北极发出终止于南极,因此,磁感应线是不闭合的。 (　　)

7. 在稳恒电流产生的磁场中,一条闭合曲线上任意一点的磁感应强度只与穿过该闭合曲线的电流有关。 (　　)

8. 在稳恒电流产生的磁场中,磁感应强度沿任意一条闭合曲线的积分只与穿过该闭合曲线的电流有关。 (　　)

9. 磁感线在空间一定不会相交。 (　　)

10. $\boldsymbol{B}=\mu\boldsymbol{H}$ 对所有各向同性线性介质都成立。 (　　)

二、选择题

1. 如图所示,在无限长载流直导线附近作一球形闭合曲面 S,当球面 S 向长直导线靠近时,穿过球面 S 的磁通量 Φ 和面上各点的磁感应强度 $\boldsymbol{B}$ 将如何变化?(　　)

A. Φ 增大,B 也增大　　B. Φ 不变,B 也不变

C. Φ 增大,B 不变　　D. Φ 不变,B 增大

2. 如图所示,两个载有相等电流 I 的半径为 R 的圆线圈,一个处于水平位置,一个处于竖直位置,两个线圈的圆心重合,则在圆心 O 处的磁感应强度大小为(　　)。

A. 0　　B. $\mu_0 I/2R$　　C. $\sqrt{2}\mu_0 I/2R$　　D. $\mu_0 I/R$

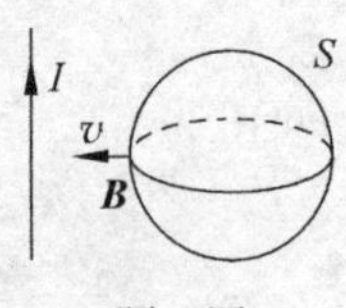

题1图

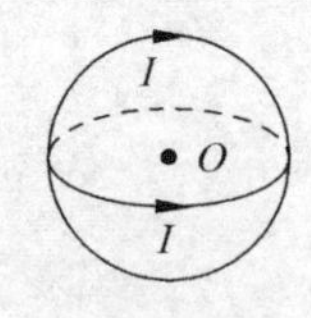

题2图

3. 如图所示,有一无限大通有电流的扁平铜片,宽度为 a,厚度不计,电流 I 在铜片上均匀分布,在铜片外与铜片共面,离铜片左边缘为 b 处的 P 点的磁感强度的大小为(　　)。

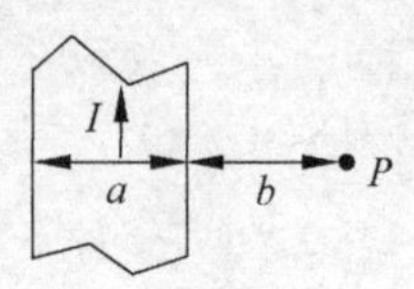

题3图

A. $\dfrac{\mu_0 I}{2\pi(a+b)}$　　B. $\dfrac{\mu_0 I}{2\pi b}\ln\dfrac{a+b}{a}$

C. $\dfrac{\mu_0 I}{2\pi a}\ln\dfrac{a+b}{b}$　　D. $\dfrac{\mu_0 I}{2\pi[(a/2)+b]}$

4. 一根很长的电缆线由两个同轴的圆柱面导体组成，若这两个圆柱面的半径分别为 R_1 和 R_2（$R_1<R_2$），通有等值反向电流，那么下列哪幅图正确反映了电流产生的磁感应强度随径向距离的变化关系？（　　）

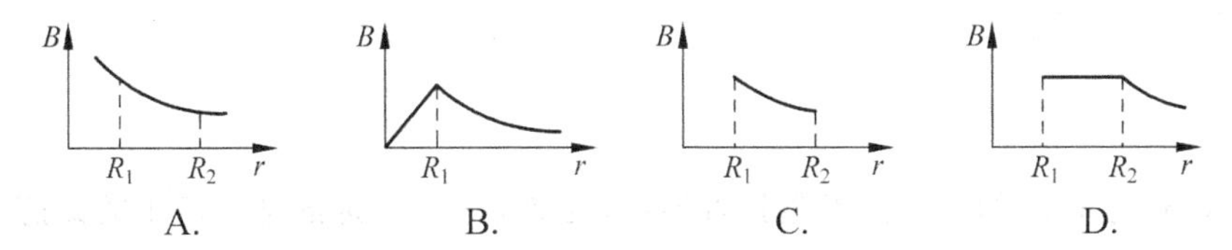

5. 有一半径为 R 的单匝圆线圈，通有电流 I，若将该导线弯成匝数 $N=2$ 的平面圆线圈，导线长度不变，并通以同样的电流，则线圈中心的磁感强度和线圈的磁矩分别是原来的（　　）。

A. 4 倍和 1/8　　B. 4 倍和 1/2　　C. 2 倍和 1/4　　D. 2 倍和 1/2

6. 两根长度相同的细导线分别多层密绕在半径为 R 和 r 的两个长直圆筒上形成两个螺线管，两个螺线管的长度相同，$R=2r$，螺线管通过的电流相同，为 I，螺线管中的磁感强度大小 B_R、B_r 满足（　　）。

A. $B_R=2B_r$　　B. $B_R=B_r$　　C. $2B_R=B_r$　　D. $B_R=4B_r$

7. 一个半径为 r 的半球面如图放在均匀磁场中，通过半球面的磁通量为（　　）。

A. $2\pi r^2 B$　　B. $\pi r^2 B$

C. $2\pi r^2 B\cos\alpha$　　D. $\pi r^2 B\cos\alpha$

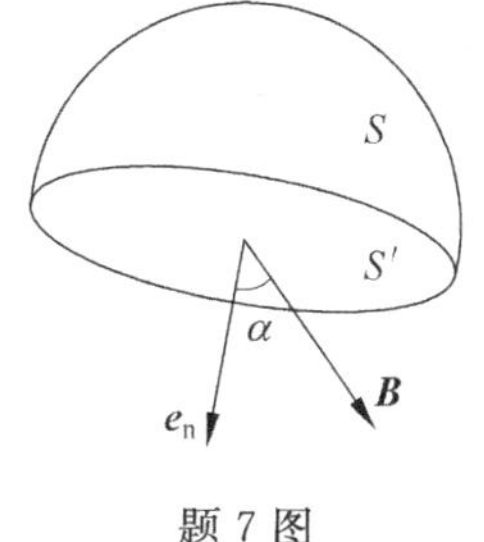

题7图

8. 下列说法正确的是（　　）。

A. 闭合回路上各点磁感应强度都为零时，回路内一定没有电流穿过

B. 闭合回路上各点磁感应强度都为零时，回路内穿过电流的代数和必定为零

C. 磁感应强度沿闭合回路的积分为零时，回路上各点的磁感应强度必定为零

D. 磁感应强度沿闭合回路的积分不为零时，回路上任意一点的磁感应强度都不可能为零

9. 如图所示，在图(a)和(b)中各有一半径相同的圆形回路 L_1、L_2，圆周内有电流 I_1、I_2，其分布相同，且均在真空中，但在图(b)中 L_2 回路外有电流 I_3，P_1、P_2 为两圆形回路上的对应点，则（　　）。

A. $\oint_{L_1}\boldsymbol{B}\cdot \mathrm{d}\boldsymbol{l}=\oint_{L_2}\boldsymbol{B}\cdot \mathrm{d}\boldsymbol{l}, B_{P_1}=B_{P_2}$　　B. $\oint_{L_1}\boldsymbol{B}\cdot \mathrm{d}\boldsymbol{l}\neq\oint_{L_2}\boldsymbol{B}\cdot \mathrm{d}\boldsymbol{l}, B_{P_1}=B_{P_2}$

C. $\oint_{L_1}\boldsymbol{B}\cdot \mathrm{d}\boldsymbol{l}=\oint_{L_2}\boldsymbol{B}\cdot \mathrm{d}\boldsymbol{l}, B_{P_1}\neq B_{P_2}$　　D. $\oint_{L_1}\boldsymbol{B}\cdot \mathrm{d}\boldsymbol{l}\neq\oint_{L_2}\boldsymbol{B}\cdot \mathrm{d}\boldsymbol{l}, B_{P_1}\neq B_{P_2}$

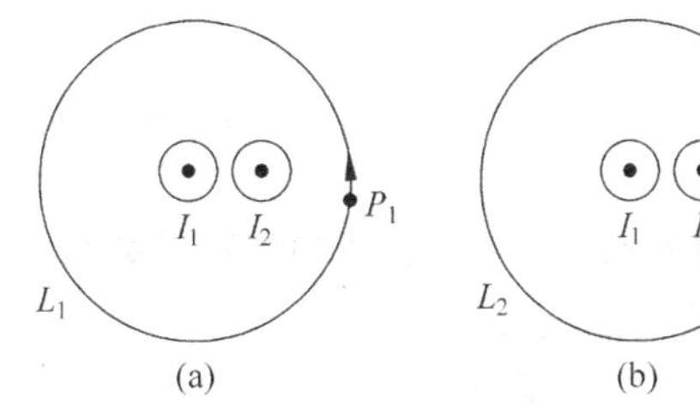

题9图

10. 半径为 R 的圆柱形无限长载流直导体置于均匀无限大磁介质之中，若导体中流过的恒定电流为 I，磁介质的相对磁导率为 $\mu_r(\mu_r<1)$，则磁介质内的磁化强度为(　　)。

A. $-(\mu_r-1)I/2\pi r$　　　　B. $(\mu_r-1)I/2\pi r$

C. $-\mu_r I/2\pi r$　　　　D. $I/2\pi\mu_r r$

三、填空题

1. 一条载有 10A 的电流的无限长直导线，在离它 0.5m 远的地方产生的磁感应强度大小 B 为________。

2. 一条无限长直导线，在离它 0.01m 远的地方产生的磁感应强度是 10^{-4}T，它所载的电流为________。

3. 如图所示，一条无限长直导线载有电流 I，在距离它 d 的地方，长 b 宽 l 的矩形框内穿过的磁通量 $\Phi=$________。

4. 地球北极的磁场 B 可实地测出。如果设想地球磁场是由地球赤道上的一个假想的圆电流(半径为地球半径 R)所激发的，则此电流大小为 $I=$________。

5. 形状如图所示的导线，通有电流 I，放在与均匀强磁场垂直的平面内，导线所受的磁场力 $F=$________。

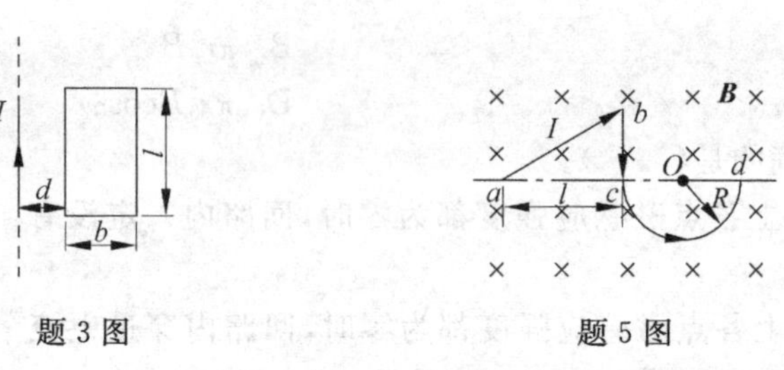

题 3 图　　　　题 5 图

6. 如图所示，平行放置在同一平面内的三条载流长直导线，要使导线 AB 所受的安培力等于零，则 x 等于________。

7. 如图所示，两根无限长载流直导线相互平行，通过的电流分别为 I_1 和 I_2，则 $\oint_{L_1}\boldsymbol{B}\cdot d\boldsymbol{l}=$________，$\oint_{L_2}\boldsymbol{B}\cdot d\boldsymbol{l}$________。

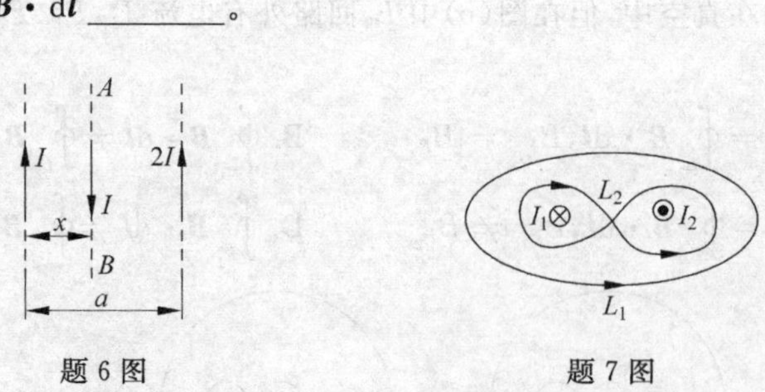

题 6 图　　　　题 7 图

8. 真空中一载有电流 I 的长直螺线管，单位长度的线圈匝数为 n，管内中段部分的磁感应强度为________，端点部分的磁感应强度为________。

9. 半径为 R，载有电流为 I 的细半圆环在其圆心处 O 点所产生的磁感强度大小为________；如果上述条件的半圆改为 $\pi/3$ 的圆弧，则圆心处 O 点磁感强度大小为________。

10. 均匀磁场的磁感应强度 $\boldsymbol{B}$ 垂直于半径为 r 的圆面。以该圆周为边线，作一半球面 S，则通过 S 面的磁通量的大小为________。

四、计算题

1. 如图所示的亥姆霍兹线圈，由一对完全相同、彼此平行的线圈构成。若它们的半径均为 R，电流均为 I，相距也为 R，则中心轴线上 O、O_1、O_2 上的磁感强度分别为多少？

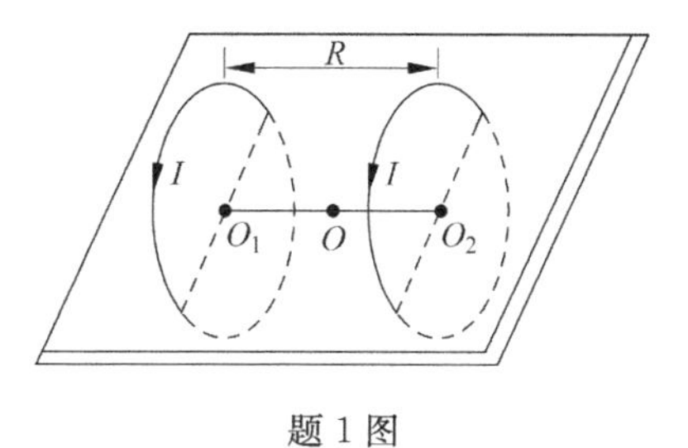

题1图

2. 如图所示，一根长直导线载有电流 I_1，矩形回路上的电流为 I_2，计算作用在回路上的合力。

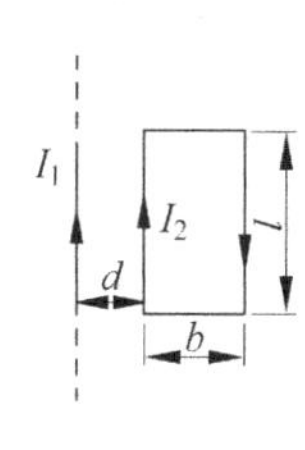

题2图

3. 如图所示，载流长直导线的电流为 I，试求通过矩形面积的磁通量。

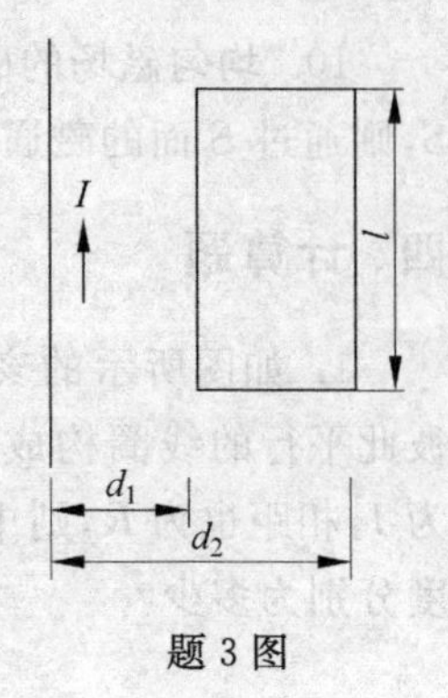

题 3 图

4. 如图所示，一无限长圆柱体半径为 R，均匀通过电流 I，试求穿过图中阴影部分的磁通量。

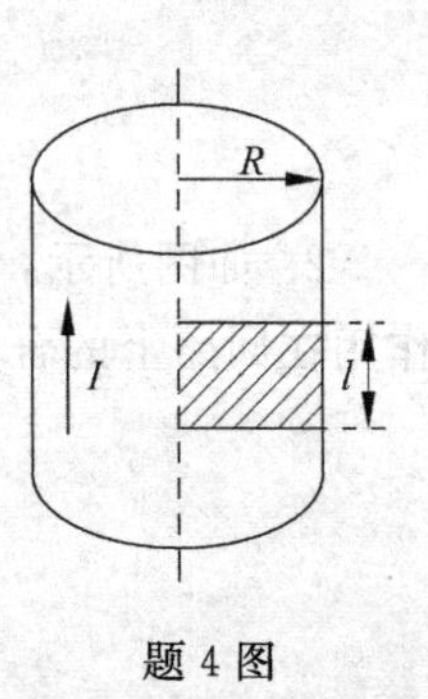

题 4 图

5. 将通有电流 I 的无限长导线折成如图所示的形状，已知半圆环的半径为 R，求圆心 O 点的磁感应强度。

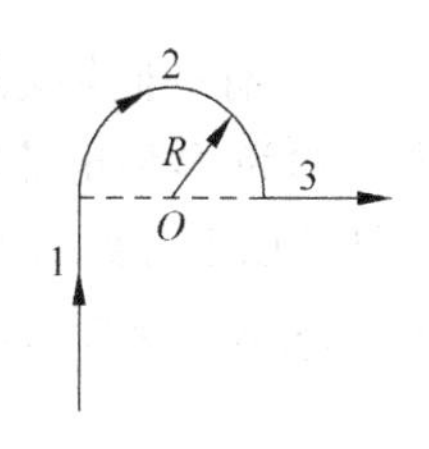

题5图

6. 设有无限大平行平面通有等值反向电流，面电流密度(通过单位长度的电流)为 k，求：(1)两载流平面之间的磁感应强度；(2)两面之外空间的磁感应强度。

7. 有一同轴电缆，其尺寸如图所示。两导体中的电流均为 I，但电流的流向相反，导体的磁性可不考虑。试计算以下各处的磁感应强度：(1)$r<R_1$；(2)$R_1<r<R_2$；(3)$R_2<r<R_3$；(4)$r>R_3$。

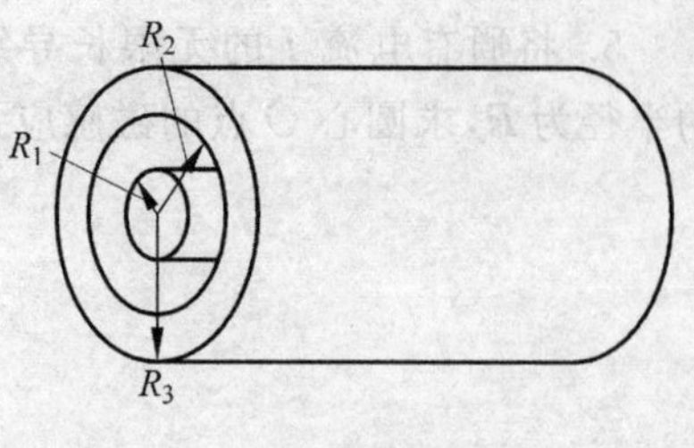

题 7 图

8. 如图所示，有两根导线沿半径方向接触铁环的 a、b 两点，并与很远处的电源相接。求环心 O 的磁感应强度。

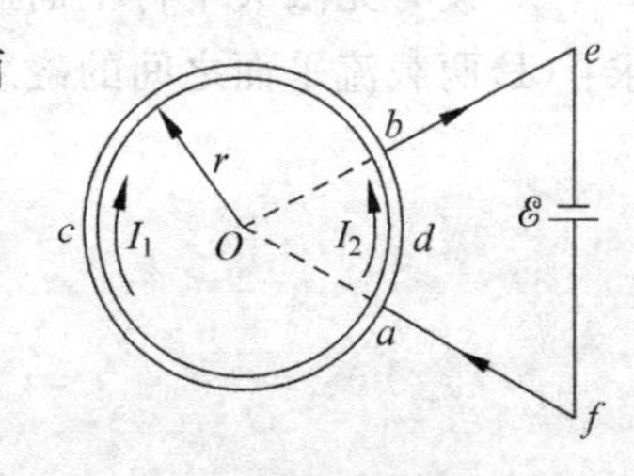

题 8 图

9. 如图所示，一半径为 R 的无限长半圆柱面导体，沿长度方向的电流 I 在柱面上均匀分布，求中心轴线 OO' 上的磁感强度。

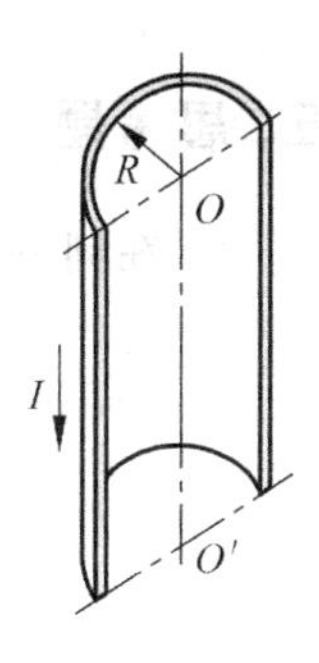

题 9 图

10. 半径为 R 的薄圆盘均匀带电，电荷面密度为 σ，令此盘绕通过盘心且垂直盘面的轴线作匀速转动，角速度为 ω，求轴线上距盘心 x 处的磁感应强度和旋转圆盘的磁矩。

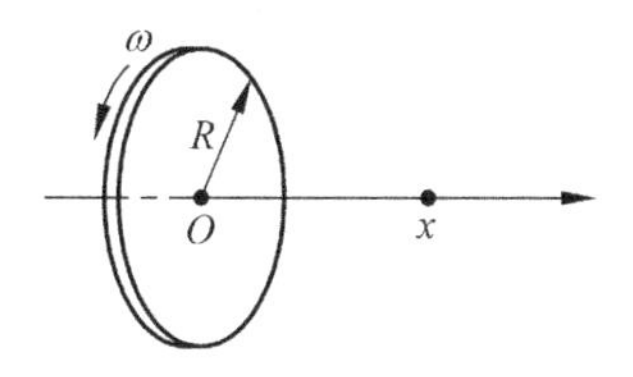

题 10 图

五、思考题

1. 在同一磁感线上，各点磁感应强度 $\boldsymbol{B}$ 的数值是否都相等？

2. 用安培环路定理能否求一段有限长载流直导线周围的磁场？

3. 磁介质有三种，用相对磁导率表征它们各自的特性。

4. 霍尔效应产生的原因是什么？霍尔系数的决定因素有哪些？

5. 磁场的高斯定理在非稳恒磁场中成立吗？

6. 通有同向电流的导线为何相互吸引？

7. 真空中有一载有稳恒电流 I 的细线圈，则通过包围该线圈的封闭曲面 S 的磁通量为 0 吗？

8. 洛伦兹力可以对带电粒子做功吗？

9．一个静止的点电荷能够在它周围空间的任一点激起电场，一个电流元是否也能在它周围空间的任一点激起磁场？

10．磁化电流和传导电流有何相同之处？又有何不同之处？

第7章　电磁感应与电磁场

一、判断题

1. 感生电场是涡旋场。（　　）

2. 动生电动势和感生电动势的激发原理相同。（　　）

3. 产生动生电动势的非静电力是洛伦兹力。（　　）

4. 感生电场是保守力场。（　　）

5. 产生感生电动势的非静电力是感生电场力。（　　）

6. 感生电场是有源场。（　　）

7. 由于磁场变化产生的电动势是感生电动势。（　　）

8. 楞次定律其实是能量守恒定律。（　　）

9. 两个线圈的互感系数相等。（　　）

10. 产生动生电动势的原因是导体棒切割磁力线，产生感生电动势的原因是通过线圈的磁通量随时间发生了变化。（　　）

二、选择题

1. 将形状完全相同的铜环和木环放置在交变磁场中，并假设通过两环面的磁通量随时间的变化率相等，不计自感，则（　　）。

A. 铜环中有感生电动势，木环中无感生电动势

B. 铜环中有感生电流，木环中无感生电流

C. 铜环中有感生电流，木环中有感生电流

D. 铜环中感生电场强度大，木环中感生电场强度小

2. 关于位移电流，下列说法正确的是（　　）。

A. 位移电流的本质是变化的磁场

B. 位移电流是由电荷的定向运动形成的

C. 位移电流服从传导电流遵循的所有定律

D. 位移电流的磁效应不服从安培环流定律

3. 将一根导线弯成半径为 R 的 3/4 圆弧 $abcd$ 置于均匀的磁场 $\boldsymbol{B}$ 中，$\boldsymbol{B}$ 的方向垂直于导线平面，如图所示，当导线沿 aOd 的角平分线方向以速度 v 向右运动时，导线中的电动势 ε_i 的大小为（　　）。

A. 0　　　　B. vBR

C. $\sqrt{2}vBR$　　　　D. $\frac{\sqrt{2}}{2}vBR$

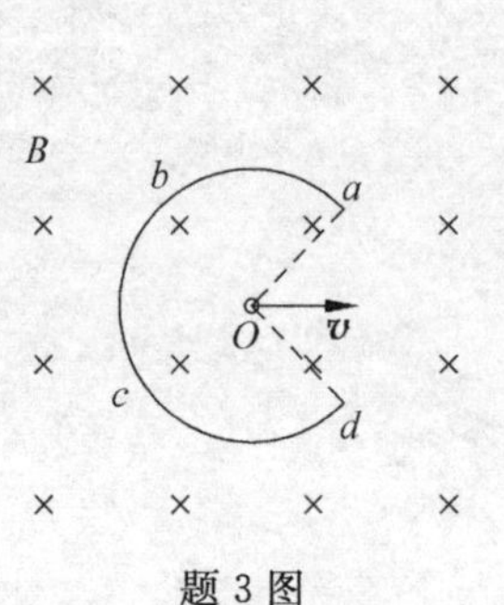

题3图

4. 真空中一长直螺线管通有电流 I_1 时，储存的磁能为 W_1，若螺线管充以相对磁导率 $\mu_r=4$ 的磁介质，且电流增加为 $I_2=2I_1$，螺线管中储存的磁场能量为 W_2，则 $W_1:W_2$ 为(　　)。

A. 1∶8　　B. 1∶4　　C. 1∶2　　D. 1∶1

5. 如图所示，棒 AD 长为 L，在匀强磁场 $\boldsymbol{B}$ 中绕 OO' 转动。角速度为 $\boldsymbol{\omega}$，$AC=\frac{L}{3}$。则 A、D 两点间电势差为(　　)。

A. $U_D-U_A=\frac{1}{6}B\omega L^2$　　B. $U_A-U_D=\frac{1}{6}B\omega L^2$

C. $U_D-U_A=\frac{2}{9}B\omega L^2$　　D. $U_A-U_D=\frac{2}{9}B\omega L^2$

6. 如图所示，线圈与一通有恒定电流的直导线在同一平面内，下列说法正确的是(　　)。

A. 当线圈远离导线运动时，线圈中有感应电动势

B. 当线圈上下平行运动时，线圈中有感应电流

C. 直导线中的电流强度越大，线圈中的感应电流也越大

D. 以上说法都不对

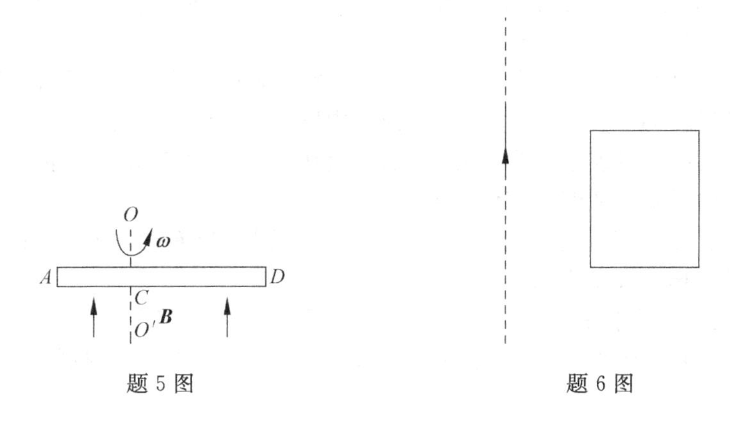

题 5 图　　题 6 图

7. 一个通有电流 I 的导体，厚度为 D，横截面积为 S，放在磁感应强度为 $\boldsymbol{B}$ 的匀强磁场中，磁场方向如图所示。现测得导体上下两面电势差为 U，则此导体的霍尔系数等于(　　)。

A. $UD/(IB)$　　B. $IBU/(DS)$　　C. $US/(IBD)$　　D. $IUS/(BD)$

8. 如图所示，平板电容器(忽略边缘效应)充电时，沿环路 L_1、L_2 磁场强度为 $\boldsymbol{H}$ 的环流中，必有(　　)。

A. $\oint_{L_1}\boldsymbol{H}\cdot \mathrm{d}\boldsymbol{l}>\oint_{L_2}\boldsymbol{H}\cdot \mathrm{d}\boldsymbol{l}$　　B. $\oint_{L_1}\boldsymbol{H}\cdot \mathrm{d}\boldsymbol{l}=\oint_{L_2}\boldsymbol{H}\cdot \mathrm{d}\boldsymbol{l}$

C. $\oint_{L_1}\boldsymbol{H}\cdot \mathrm{d}\boldsymbol{l}<\oint_{L_2}\boldsymbol{H}\cdot \mathrm{d}\boldsymbol{l}$　　D. $\oint_{L_1}\boldsymbol{H}\cdot \mathrm{d}\boldsymbol{l}=0$

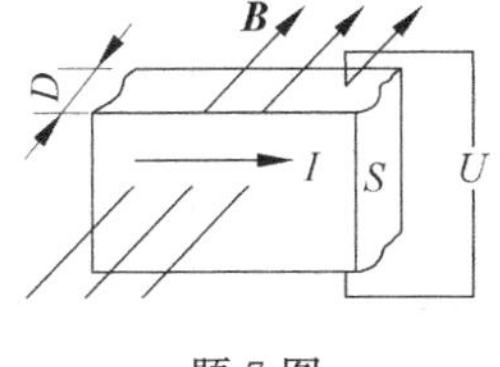

题 7 图

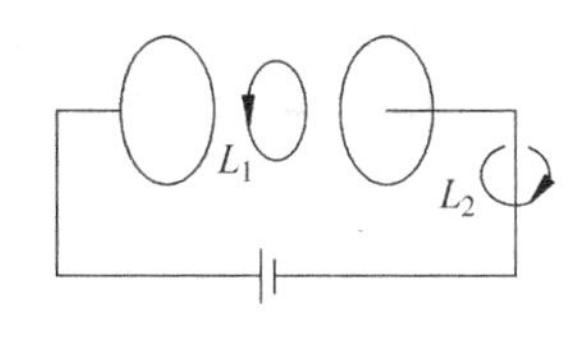

题 8 图

9. 电磁波的电场强度 $\boldsymbol{E}$、磁场强度 $\boldsymbol{H}$ 和传播速度 $\boldsymbol{u}$ 的关系是(　)。

A. 三者互相垂直,而且 $\boldsymbol{E}$ 和 $\boldsymbol{H}$ 相位相差 $\pi/2$

B. 三者互相垂直,而且 $\boldsymbol{E}$、$\boldsymbol{H}$、$\boldsymbol{u}$ 构成右手螺旋直角坐标系

C. 三者中 $\boldsymbol{E}$ 和 $\boldsymbol{H}$ 是同方向的,但都与 $\boldsymbol{u}$ 垂直

D. 三者中 $\boldsymbol{E}$ 和 $\boldsymbol{H}$ 可以是任意方向,但都必须与 $\boldsymbol{u}$ 垂直

10. 如图所示,一导体棒 ab 在均匀磁场中沿金属导轨向右作匀加速运动,磁场方向垂直导轨所在平面。若导轨电阻忽略不计,并设铁芯磁导率为常数,则达到稳定后电容器的 M 极板上(　)。

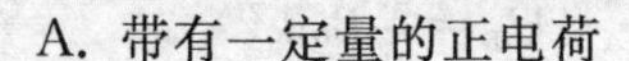

A. 带有一定量的正电荷

B. 带有一定量的负电荷

C. 带有越来越多的正电荷

D. 带有越来越多的负电荷

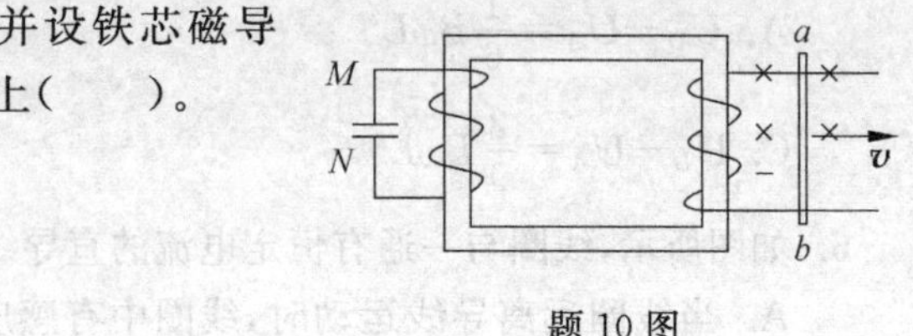

题 10 图

三、填空题

1. 产生动生电动势的非静电场力是________,产生感生电动势的非电场力是________,激发感生电场的场源是________。

2. 一个半径为 10cm 的圆形回路置于 0.8T 的均匀磁场中,回路平面与磁场垂直。当回路半径以恒定速率 80cm/s 开始收缩时,回路中感生电动势大小为________V。

3. 一电子在感应加速器中沿半径 1m 的轨道作圆周运动,若电子每转一周增加的动能为 700eV,轨道内磁感应强度的变化率为________。

4. 在真空中,如果均匀电场的能量体密度与感应强度为 $\boldsymbol{B}$ 的均匀磁场的能量体密度相等,那么此电场的场强大小为 $E=$________。

5. 如图所示,金属杆 AB 以 3m/s 的速度匀速平行于一长直导线移动,此导线通有电流 2A,金属杆的长度及与直导线的相对位置如图所示,则此杆中的感应电动势的大小为________。

6. 在如图所示的回路中,$\overline{ab}$可在导轨上无摩擦活动,设整个回路处在一均匀磁场中,$B=1.0$T,电阻 $R=0.5\Omega$,$\overline{ab}$与导轨接触点间的距离 $l=0.3$m,$\overline{ab}$以速率 $v=3.5$m/s 向右等速移动,则作用在$\overline{ab}$上的拉力 $F=$________,该拉力的功率 $P=$________。

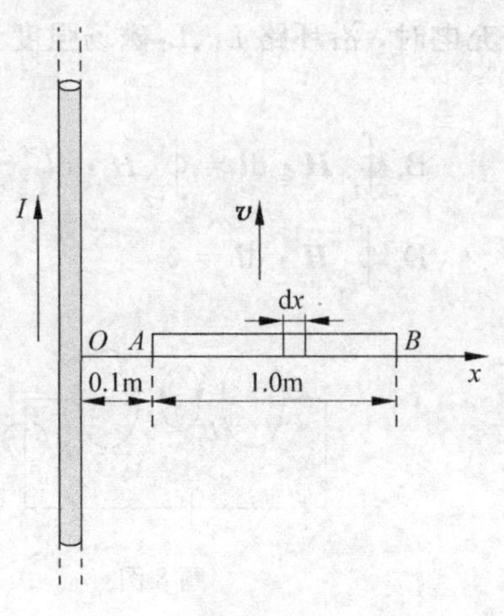

题 5 图

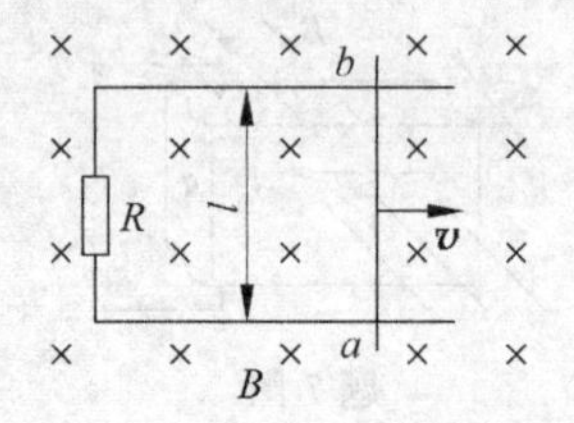

题 6 图

7. 若通过某闭合回路的磁通量按 $\phi=(3t^2-5t+10)$(Wb)的规律变化，式中 t 的单位为 s，则在回路中产生感应电动势的变化规律为________。

8. 静电场与感生电场既有相同之处又有不同之处，相同之处是________；不同之处为静电场由________所激发，而感生电场由________所激发。

9. 反映电磁场基本性质和规律的麦克斯韦方程组的积分形式为：

$$\oint_S \boldsymbol{D}\cdot \mathrm{d}\boldsymbol{S}=\int_V \rho_0 \mathrm{d}V \quad ①$$

$$\oint_l \boldsymbol{E}\cdot \mathrm{d}\boldsymbol{l}=-\int_S (\partial \boldsymbol{B}/\partial t)\cdot \mathrm{d}\boldsymbol{S} \quad ②$$

$$\oint_S \boldsymbol{B}\cdot \mathrm{d}\boldsymbol{S}=0 \quad ③$$

$$\oint_l \boldsymbol{H}\cdot \mathrm{d}\boldsymbol{l}=\int_S (\boldsymbol{j}+\partial \boldsymbol{D}/\partial t)\cdot \mathrm{d}\boldsymbol{S} \quad ④$$

试判断下列结论是包含或等效于哪一个麦克斯韦方程式的，将你确定的方程式用代号填在相应结论后的空白处。

(1) 变化的磁场一定伴随有电场：________；

(2) 磁感应线是无头无尾的：________；

(3) 电荷总伴随有电场：________。

10. 如图所示，长直导线中通有电流 I，有一与长直导线共面且垂直于导线的细金属棒 AB，以速度 $\boldsymbol{v}$ 平行于长直导线作匀速运动。(1)金属棒 AB 两端的电势 U_A________U_B(填 >、<、=)；(2)若将电流 I 反向，AB 两端的电势 U_A________U_B(填 >、<、=)；(3)若将金属棒与导线平行放置，AB 两端的电势 U_A________U_B(填 >、<、=)。

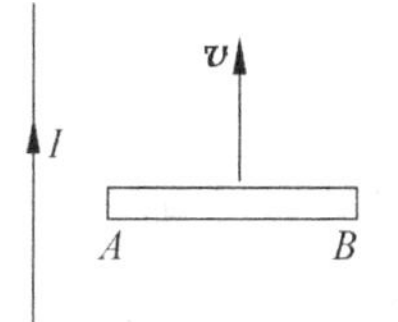

题 10 图

四、计算题

1. 一导线 ac 弯成如图所示形状，且 $\overline{ac}=\overline{bc}=10$cm，若使得导线在磁感应强度为 $B=2.4\times10^{-2}$T 的均匀磁场中，以速度 $v=1.5$cm/s 向右运动，问 ac 的电动势有多大？哪一端电势高？

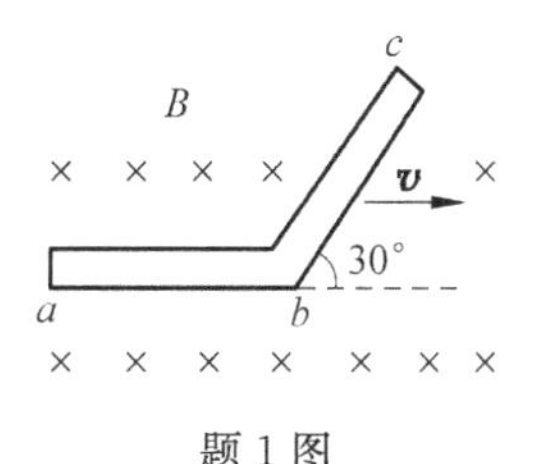

题 1 图

2. 两同轴长圆筒组成的传输线，内外筒半径分别为 R_1 和 R_2，求长为 l 的一段的自感系数。

3. 半径为 R 的圆线圈，在磁感应强度为 $\boldsymbol{B}$ 的均匀磁场中以角速度 ω 绕轴 OO' 转动；轴垂直于 $\boldsymbol{B}$，忽略自感系数。当线圈转至与 $\boldsymbol{B}$ 平行时，如图所示，求 $\overset{\frown}{ab}$ 间感应电动势的大小和方向。已知 $\overset{\frown}{ab}=\frac{1}{8}\times 2\pi R$。

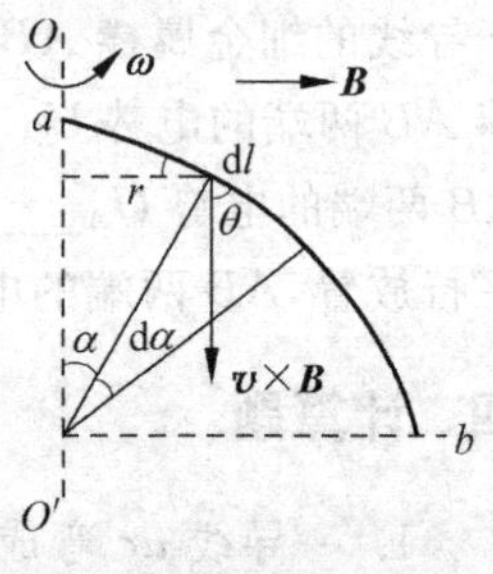

题 3 图

4. 平均半径为 12cm 的 4000 匝线圈，在强度为 0.5×10^{-4} T 的地球磁场中每秒旋转 30 周，线圈中最大的感应电动势是多少？

5. 如图所示，长直导线通以电流 $I=5$A，其右方放一个长方形线圈，两者共面，线圈 $l_1=0.2$m，宽 $l_2=0.10$m，共 1000 匝，令线圈以速度 $v=3.0$m/s 垂直于直导线运动，求 $y=0.10$m 时，线圈中的感生电动势的大小和方向。

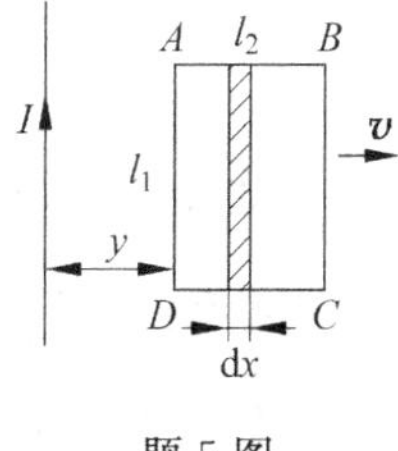

题 5 图

6. 长度为 $2b$ 的金属杆位于无限长直导线平面正中间，并以速度 v 平行于两直导线运动，两直导线通以大小相同、方向相反的电流 I，相距为 $2a$，如图所示，求金属杆两端的电势差及方向。

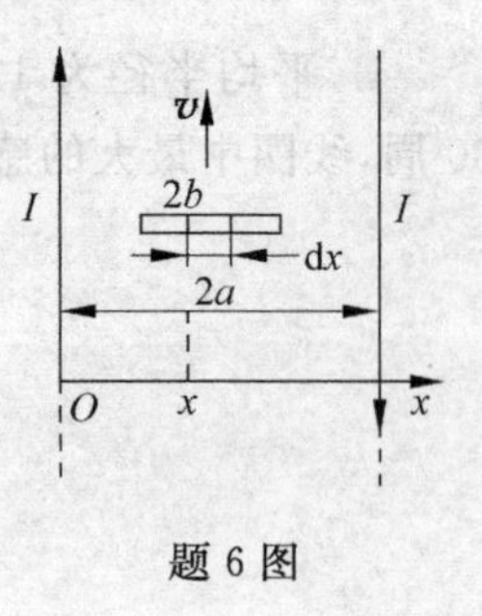

题 6 图

7. 如图所示，有两根无限长平行直导线，通以大小相等、方向相反的电流，且以 $\frac{dI}{dt}$ 的变化率增长。若有一矩形线圈与之共面，求：(1)任一时刻通过线圈的磁通量；(2)线圈中的感生电动势。

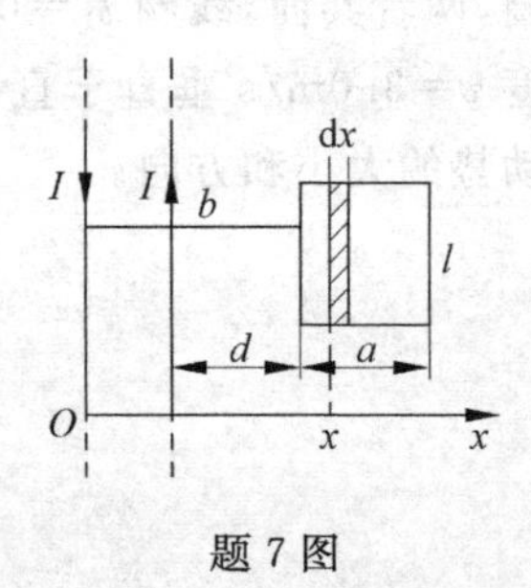

题 7 图

8. 两根平行长直导线，横截面半径都是a，中心距离为d，属于同一回路，两导线内部磁通量略去不计。证明：这样一对长度为l的导线自感系数为$L=\frac{\mu_0 l}{\pi}\ln\frac{d-a}{a}$。

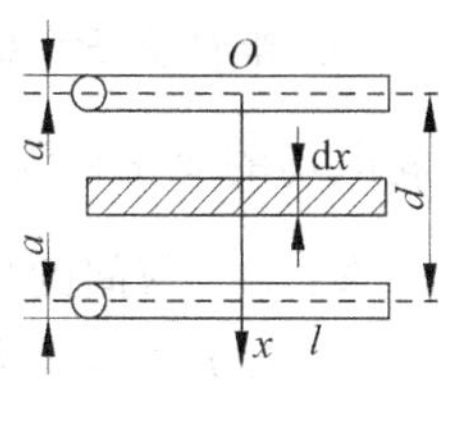

题8图

9. 一无限长的粗导线，截面各处的电流密度相等，总电流为I。求：(1)导线内部单位长度所储存的磁能；(2)导线内部单位长度的自感系数。

10. 半径为 $R=0.10\text{m}$ 的两块圆板，构成平板电容器，放在真空中，对电容器充电，使两板间电场的变化率为 $\frac{dE}{dt}=1.0\times10^{13}\,\text{V}\cdot\text{m}^{-1}\cdot\text{S}^{-1}$。

求：(1) 板间的位移电流；

(2) 电容器内距中心轴线为 $r=9\times10^{-3}\text{m}$ 处的磁感应强度。

五、思考题

1. 将一磁铁插入一闭合线圈，一次迅速插入、一次缓慢插入。试问：通过线圈某一截面的感应电量是否相同？手推磁铁所做的功是否相同？

2. 通过某一平面的磁通量为零，该处的磁感应强度一定为零吗？

3. 无论电路是否闭合，只要有磁通量穿过电路，电路里就有感生电动势吗？

4. 穿过闭合线圈的磁感线条数发生变化，一定能产生感生电流吗？

5. 真空中的电磁波频率越大，传播速度越大吗？

6. 空间中有电磁波存在就一定有电磁场吗？

7. 稳定的电场能够在其周围产生稳定的磁场吗？

8. 感生电场是矢量吗？

9. 如何确定环流场的强度？

10. 某一时刻电场为零，其周围感生磁场为零吗？

第8章　振　　动

一、判断题

1. 一切周期性振动，无论如何复杂，都可以分解为若干频率、振幅不同的简谐运动。（　）

2. 简谐振动的周期跟振幅有关，振幅越大，周期也越大。（　）

3. 物体在振动过程中，如果严格遵守机械能守恒，则这种振动属于简谐运动。（　）

4. 作简谐振动的物体在最大位移处时，势能最大，动能为零。（　）

5. 作简谐振动的弹簧振子，连续两次通过同一位置时，动能相同，机械能相等。（　）

6. 物体在平衡位置附近作往复运动，运动变量随时间的变化规律可以用一个正(余)弦函数来表示，那么该物体作的是简谐振动。（　）

7. 一个物体作简谐振动，振动的频率越高，其运动速度越大。（　）

8. 如果物体作简谐振动，那么物体受到的合外力与位移的大小成正比，而且方向相反。（　）

9. 将一个弹簧振子从重力加速度大的地方挪到重力加速度小的地方，其周期和频率均会发生变化。（　）

10. 物体作简谐振动，当物体从最大位移向平衡位置运动时，其加速度和速度方向一致；由平衡位置向最大位移运动，其加速度和速度方向也一致。（　）

二、选择题

1. 如图所示是一作简谐运动的物体的振动图像，下列说法错误的是（　）。

A. 振动周期是 2×10^{-2}s

B. 第二个 1×10^{-2}s 内物体的位移是 -10cm

C. 物体的振动频率是 25Hz

D. 物体的振幅是 10cm

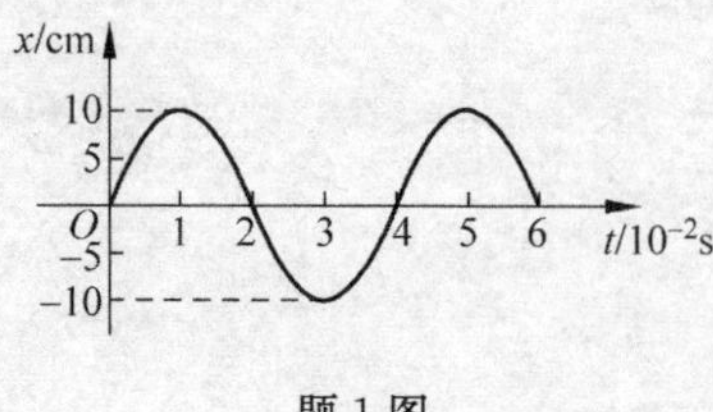

题1图

2. 两个相同的单摆静止于平衡位置，使摆球分别以水平初速 v_1、v_2（$v_1>v_2$）在竖直平面内作小角度摆动，其频率与振幅分别为 ν_1、ν_2 和 A_1、A_2，则（　）。

A. $\nu_1>\nu_2, A_1=A_2$　　B. $\nu_1<\nu_2, A_1=A_2$

C. $\nu_1=\nu_2, A_1>A_2$　　D. $\nu_1=\nu_2, A_1<A_2$

3. 一个质点作简谐振动，振幅为 A，在起始时刻质点的位移为 $\frac{1}{2}A$，且向 x 轴的正方向运动，代表此简谐振动的旋转矢量图为（　　）。

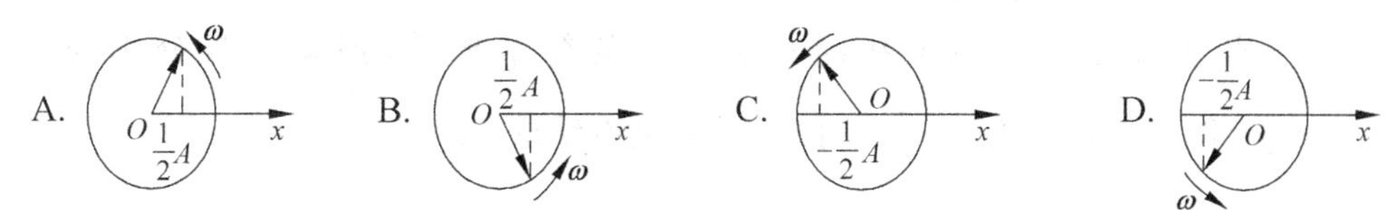

4. 两个质点各自作简谐振动，其振幅相同，周期相同，第一个质点的振动方程为 $x_1=A\cos(\omega t+\varphi_0)$，当第一个质点从相对于其平衡位置的正位移处回到平衡位置时，第二个质点正在最大正位移处，则第二个质点的振动方程为（　　）。

A. $x_2=A\cos\left(\omega t+\varphi_0+\frac{1}{2}\pi\right)$　　B. $x_2=A\cos\left(\omega t+\varphi_0-\frac{1}{2}\pi\right)$

C. $x_2=A\cos\left(\omega t+\varphi_0-\frac{3}{2}\pi\right)$　　D. $x_2=A\cos(\omega t+\varphi_0+\pi)$

5. 一质点作简谐振动，振动方程为 $x=A\cos(\omega t+\varphi_0)$，当 $t=\frac{T}{2}$（T 为周期）时，质点的速度为（　　）。

A. $v=-A\omega\sin\varphi_0$　　B. $v=A\omega\sin\varphi_0$

C. $v=-A\omega\cos\varphi_0$　　D. $v=A\omega\cos\varphi_0$

6. 对一个作简谐振动的物体，下列哪种说法是正确的？（　　）

A. 物体处在最大正位移处，速度和加速度为最大值

B. 物体位于平衡位置时，速度和加速度为0

C. 物体位于平衡位置时，速度最大，加速度为0

D. 物体在最大负位移处，速度最大，加速度为0

7. 一弹簧振子作简谐振动，总能量为 E_1，如果简谐振动振幅增加为原来的两倍，重物的质量增为原来的4倍，则它的总能量 E_2 变为（　　）。

A. E_1　　B. $2E_1$　　C. $4E_1$　　D. $8E_1$

8. 如图所示，一根用绝缘材料制成的轻弹簧，劲度系数为 k，一端固定，另一端与质量为 m、带电荷量为 $+q$ 的小球相连，静止在光滑绝缘水平面上的 A 点，当施加水平向右的匀强电场 E 后，小球从静止开始在 A、B 之间作简谐振动，在弹性限度内下列关于小球运动情况说法正确的是（　　）。

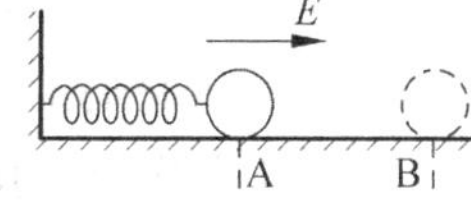

题8图

A. 小球在 A、B 的速度为零而加速度相同

B. 小球简谐振动的振幅为 $\frac{2qE}{k}$

C. 从 A 到 B 的过程中，小球和弹簧系统的机械能不断增大

D. 将小球由 A 的左侧一点由静止释放，小球简谐振动的周期增大

9. 竖直弹簧振子，简谐振动周期为 T，将小球放入水中，水的浮力恒定，其他阻力不计，若使振子沿竖直方向振动起来，则（　　）。

A. 振子仍作简谐振动，但周期小于 T

B. 振子仍作简谐振动，但周期大于 T

C. 振子仍作简谐振动，且周期等于 T

D. 振子不再作简谐振动

10. 一质点同时参与两个在同一直线上的简谐振动，振动方程分别为 $x_1=4\cos\left(2t+\frac{\pi}{6}\right)$ 和 $x_2=3\cos\left(2t+\frac{7\pi}{6}\right)$，则关于合振动有结论：(　　)。

A. 振幅为 1，初相为 π　　　B. 振幅为 7，初相为 $\frac{4\pi}{3}$

C. 振幅为 1，初相为 $\frac{7\pi}{6}$　　　D. 振幅为 1，初相为 $\frac{\pi}{6}$

三、填空题

1. 一简谐振动用余弦函数表示，振动曲线如图所示，则此简谐振动的三个特征量分别为 $A=$________，$\omega=$________，$\varphi_0=$________。

2. 一质点沿 x 轴作简谐振动，周期为 T，振幅为 A，质点从 $x_1=\frac{A}{2}$ 处运动到 $x_2=A$ 处所需要的最短时间为________。

3. 如图所示，一弹簧振子在 B、C 两点间作简谐振动，O 是平衡位置，振子每次从 C 运动到 B 的时间均为 0.5s，则该弹簧振子的周期为________。

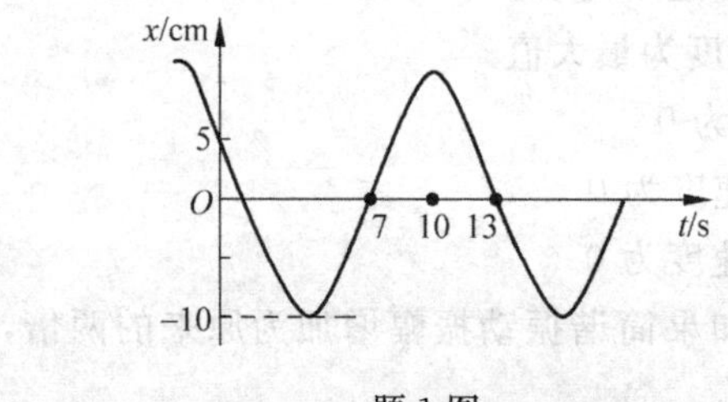

题 1 图

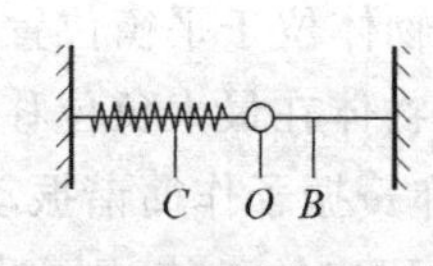

题 3 图

4. 在一竖直轻弹簧下端悬挂质量 $m=5\text{g}$ 的小球，弹簧伸长量 $l=1\text{cm}$ 处于平衡状态。经推动后，该小球在竖直方向作振幅为 $A=4\text{cm}$ 的振动，则小球的振动周期为________；振动能量为________。

5. 若两个同方向不同频率的谐振动的表达式分别为 $x_1=A\cos 1000\pi t$ 和 $x_2=A\cos 1020\pi t$，则它们的合振动频率为________。

6. 一质点作简谐振动，速度最大值为 5cm/s，振幅 $A=2\text{cm}$. 若令速度具有正最大值的那一时刻为 $t=0$，则振动表达式为________。

7. (a)、(b)、(c)为三个不同的谐振动系统，组成各系统的各弹簧的劲度系数及重物质量如图所示，(a)、(b)、(c)三个振动系统的 ω^2 值之比为________。

8. 一弹簧振子作简谐振动，其振动曲线如图所示，则它的周期 $T=$________，其余弦函数描述时初相位为________。

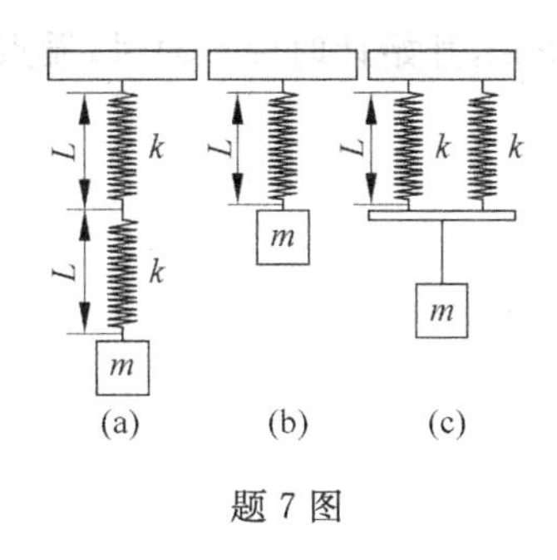

题7图

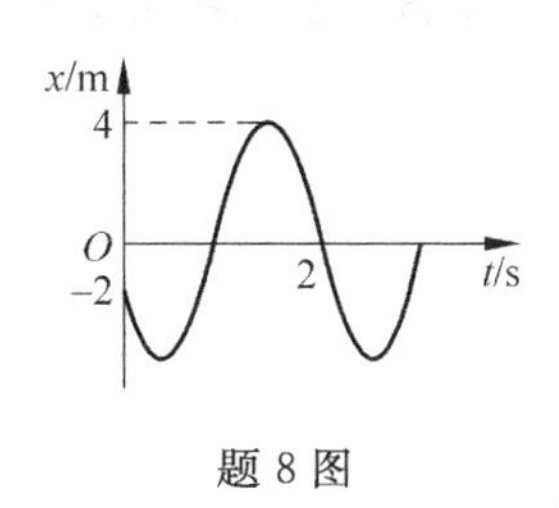

题8图

9. 一个质点作简谐振动，振幅为4cm，周期为2s，取平衡位置为坐标原点，若 $t=0$ 时质点第一次通过 $x=-2\text{cm}$ 处，且向 x 轴正方向运动，则质点第二次经过 $x=-2\text{cm}$ 处时 $t=$________。

10. 两个同方向同频率的简谐振动，其合振动的振幅为0.2m，合振动的位相与第一个简谐振动的位相差为 $\pi/6$，若第一个简谐振动的振幅为0.173m，则第二个简谐振动的振幅________m，两个简谐振动的位相差为________。

四、计算题

1. 一放置在水平桌面上的弹簧振子，振幅 $A=2.0\times10^{-2}\text{m}$，周期 $T=0.50\text{s}$，当 $t=0$ 时，(1)物体在正方向端点；(2)物体在平衡位置，并向负方向运动；(3)物体在 $x_0=1.0\times10^{-2}\text{m}$ 处，向负方向运动。求以上各种情况的振动方程。

2. 某质点作简谐振动，周期为 2s，振幅为 0.06m，开始计时($t=0$)时，质点恰好处在负向最大位移处，求该质点的振动方程。

3. 图示为两个谐振动的 x-t 曲线，试分别写出其简谐振动方程。

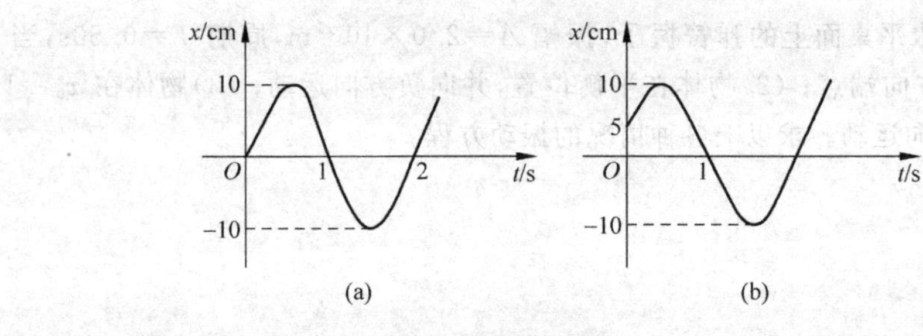

题 3 图

4. 有两个同方向、同频率的简谐振动，它们的振动表达式为：

$$x_1 = 0.03\cos\left(10t + \frac{3}{4}\pi\right),\quad x_2 = 0.04\cos\left(10t + \frac{1}{4}\pi\right)\quad (\text{SI 制})$$

(1) 求它们合成振动的振幅和初相位；

(2) 若另有一振动 $x_3 = 0.07\cos(10t + \varphi_0)$，问 φ_0 为何值时，$x_1 + x_3$ 的振幅为最大，最大为何值；φ_0 为何值时，$x_3 + x_2$ 的振幅为最小，最小为何值？

5. 质量为 0.2kg 的质点作简谐振动，其振动方程为 $x = 0.60\sin\left(5t - \frac{\pi}{2}\right)$，式中 x 的单位为 m，t 的单位为 s，求：(1)振动周期；(2)质点初始位置，初始速度；(3)质点在经过 $A/2$ 且向正向运动时的速度和加速度以及此时质点所受到的力；(4)质点在何位置时其动能和势能相等。

6. 一弹簧振子沿 x 轴作简谐振动，已知振动物体最大位移为 0.4m，最大恢复力为 0.8N，最大速度为 0.8πm/s，又知 $t=0$ 的初位移为 0.2m，且初速度与所选 x 轴方向相反。求：(1)振动能量；(2)此振动的表达式。

7. 一质点作简谐振动，其振动方程是 $x=6.0\times10^{-2}\cos\left(\frac{\pi}{3}t-\frac{\pi}{4}\right)$(SI 制)，求：(1)当 x 值为多大时，系统的势能为总能量的一半？(2)质点从平衡位置移动到上述位置所需最短时间为多少？

8. 如图所示，质量为0.01kg的子弹，以500m/s的速度射入并嵌在木块中，同时使弹簧压缩并作简谐振动，设木块的质量为4.99kg，弹簧的劲度系数为8.0×10^3N/m，若以弹簧原长时物体所在处为坐标原点，向右为正方向，子弹和木块一起开始运动时刻为计时起点，求简谐振动方程。

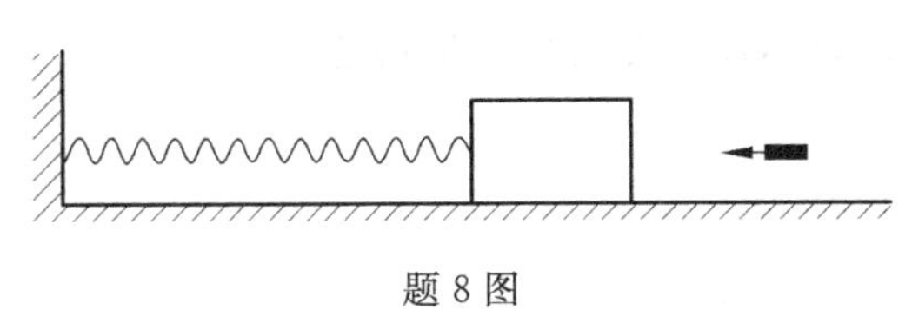

题8图

9. 一轻弹簧直立在地面上，其劲度系数为$k=400$N/m。弹簧的上端与盒A连接在一起，盒内装物体B，B的上下表面恰与盒A接触，如图所示，A、B的质量$m_A=m_B=1$kg。今将A向下压缩弹簧，使其由原长压缩$L=10$cm后，由静止释放，A和B一起沿竖直方向作简谐运动，不计阻力，且取$g=10\text{m/s}^2$，试求：(1)盒A的振幅；(2)在振动的最高点和最低点时，物体B对盒A作用力的大小和方向。

题9图

10. 劲度系数为 k 的轻质弹簧，一端连接质量为 $2m$ 的物块 P(可视为质点)，另一端悬挂在天花板上。静止时，P 位于 O 点，此时给 P 一个竖直向下的速度 v_0，让 P 在竖直方向上作简谐运动，测得其振幅为 A。当 P 某次经过最低点时突然断裂成质量均为 m 的两个小物块 B 和 C，其中 B 仍与弹簧连接并作新的简谐运动，而 C 自由下落。求：(1)B 所作的简谐运动的振幅；(2)B 作简谐运动时经过 O 点时的速率。

五、思考题

1. 一个物体受到一个使它返回平衡位置的力，它是否一定作简谐振动？

2．为什么用相位来表示简谐振动的物体的运动状态？

3．满足简谐振动的条件是什么？请举几个简谐振动的例子。

4．重力加速度不同地区的两个相同的单摆和弹簧振子，其周期和频率是否相同？

5．简谐振动的速度和加速度在什么情况下是同号的？什么情况下是异号的？加速度为正值时，振子一定作加速运动吗？反之，加速度为负值时，肯定是减速运动吗？

6．拍皮球时球在地面上作完全弹性的上下跳动，球的运动是否是简谐振动？

7．如果将单摆和弹簧振子带到月球上去，它们的振动周期和振动频率将如何变化？

8. 简谐振动的频率和速度是否有关系？

9. 讨论合振动的振幅与两分振动相位及振幅的关系。

10. 分析简谐振动的动能、势能及总能量与位置的关系。

第9章　波　　动

一、判断题

1. 横波是传播方向与质点振动方向垂直的波。（　　）
2. 纵波是传播方向与质点振动方向垂直的波。（　　）
3. 机械波从一种介质进入另一种介质时，频率要发生改变。（　　）
4. 弹性介质可以储存能量。（　　）
5. 孤立的谐振子不能储存能量。（　　）
6. 频率相同、振动方向相同、相位差恒定的两列波在空间相遇时不能叠加。（　　）
7. 驻波没有能量的传播。（　　）
8. 波从波密介质向波疏介质入射时，在反射点处有半波损失。（　　）
9. 波速是指介质中质元的运动速度。（　　）
10. 驻波中不振动的点称为波节。（　　）

二、选择题

1. 图(a)表示 $t=0$ 时的简谐波的波形图，波沿 x 轴正方向传播，图(b)为一质点的振动曲线。则图(a)中所表示的 $x=0$ 处振动的初相位与图(b)所表示的振动的初相位分别为（　　）。

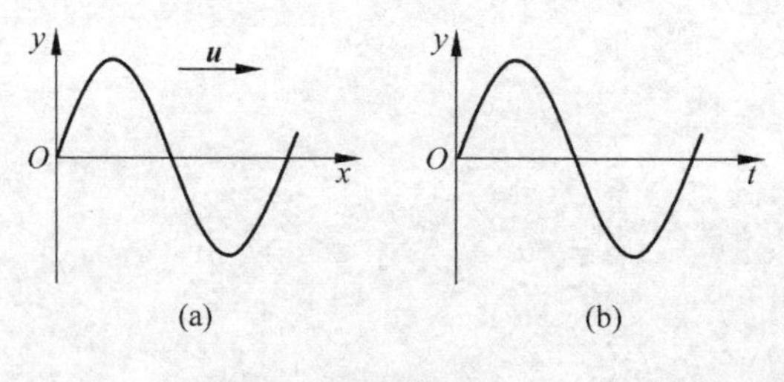

题1图

A. 均为零　　B. 均为$\frac{\pi}{2}$　　C. 均为$-\frac{\pi}{2}$　　D. $\frac{\pi}{2}$与$-\frac{\pi}{2}$

2. 机械波的表达式为 $y=0.05\cos(6\pi t+0.06\pi x)$(m)，则（　　）。

A. 波长为100m　　B. 波速为10m/s

C. 周期为1/3s　　D. 波沿 x 轴正方向传播

3. 关于波速，以下说法中错误的是（　　）。

A. 振动状态传播的速度等于波速　　B. 相位传播的速度等于波速

C. 能量传播的速度等于波速　　D. 质点振动的速度等于波速

4. 如图所示，两列波长为λ的相干波在点P相遇。波在点S_1振动的初相是φ_1，点S_1到点P的距离是r_1。波在点S_2的初相是φ_2，点S_2到点P的距离是r_2。以k代表零或正、负整数，则点P是干涉极大的条件为(　　)。

A. $r_2-r_1=k\pi$　　B. $\varphi_2-\varphi_1=2k\pi$

C. $\varphi_2-\varphi_1+2\pi(r_2-r_1)/\lambda=2k\pi$　　D. $\varphi_2-\varphi_1+2\pi(r_1-r_2)/\lambda=2k\pi$

5. 在驻波中，两个相邻波节间各质点的振动(　　)。

A. 振幅相同，相位相同　　B. 振幅不同，相位相同

C. 振幅相同，相位不同　　D. 振幅不同，相位不同

6. 一平面简谐波，沿x轴负方向传播，角频率为ω，波速为u。设$t=T/4$时刻的波形如图所示，则该波的表达式为(　　)。

A. $y=A\cos\omega(t-xu)$　　B. $y=A\cos\left[\omega(t-x/u)+\frac{1}{2}\pi\right]$

C. $y=A\cos[\omega(t+x/u)]$　　D. $y=A\cos[\omega(t+x/u)+\pi]$

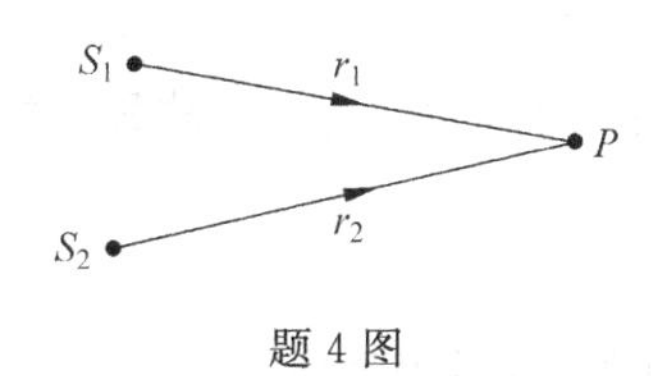

题4图

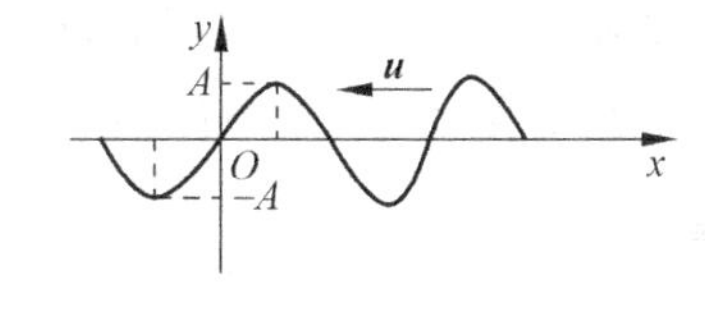

题6图

7. 在波动传播的介质中，体积元若恰好运动到平衡位置，则该体积元中的波能量(　　)。

A. 动能最大，势能最小　　B. 动能最小，势能最大

C. 动能最小，势能最小　　D. 动能最大，势能最大

8. 当一平面简谐机械波在弹性介质中传播时，下述各结论哪个是正确的？(　　)

A. 介质质元的振动动能增大时，其弹性势能减小，总机械能守恒

B. 介质质元的振动动能和弹性势能都作周期性变化，但二者的相位不相同

C. 介质质元的振动动能和弹性势能的相位在任一时刻都相同，但二者的数值不相等

D. 介质质元在其平衡位置处弹性势能最大

9. 波源作简谐运动，其运动方程为$y=4.0\times10^{-3}\cos240\pi t$，式中$y$的单位为m，$t$的单位为s，它所形成的波形以30m/s的速度沿一直线传播，则该波的波长为(　　)。

A. 0.25m　　B. 0.60m　　C. 0.50m　　D. 0.32m

10. 正在报警的警钟，每隔0.5s响一声，有一人在以72km/h的速度向警钟所在地驶去的火车里，这个人在1min内听到的响声是(　　)(设声音在空气中的传播速度是340m/s)。

A. 113次　　B. 120次　　C. 127次　　D. 128次

三、填空题

1. 一声波在空气中的波长是0.25m，传播速度是340m/s，当它进入另一介质时，波长变成了0.37m，它在该介质中传播速度为________。

2. 波源作简谐运动，其运动方程为 $y=4.0\times10^{-3}\cos240\pi t$(m)，它所形成的波形以30m/s的速度沿一直线传播，那么波的周期为________，波长为________；波动方程为________。

3. 已知一波动方程为 $y=0.05\sin(10\pi t-2x)$(m)，则波长为________、频率为________、波速为________、周期为________。

4. 驻波是两列完全相同仅方向________的波的合成波。

5. 机械波产生的两个条件：________和________。

6. 惠更斯原理：在波的传播过程中，波阵面(波前)上的每一点都可看做发射子波的________，每个子波源发射________波，此后任一时刻新的波前就是这些子波的包迹(共切面)。

7. 波的衍射：波在传播过程中，遇到障碍物而改变________的现象。

8. 介质密度 ρ 和波速 u 的________称为波阻。

9. 对人类而言，可闻声波的频率范围为20～________ Hz。

10. 当波从波疏媒质垂直入射到波密介质界面上而发生反射时，在反射点处反射波的振动相对入射波的振动有 π 的相位突变，这相当于半个波长的________，故称半波损失。

四、计算题

1. 波源作简谐振动，周期为0.02s，若该振动以100m/s的速度沿直线传播，设 $t=0$ 时，波源处的质点经平衡位置向正方向运动，求：(1) 距波源15.0m和5.0m两处质点的运动方程和初相；(2) 距波源为16.0m和17.0m的两质点间的相位差。

2. 图示为平面简谐波在 $t=0$ 时的波形图，设此简谐波的频率为 250Hz，且此时图中质点 P 的运动方向向上。求：(1)该波的波动方程；(2)在距原点 O 为 7.5m 处质点的运动方程与 $t=0$ 时该点的振动速度。

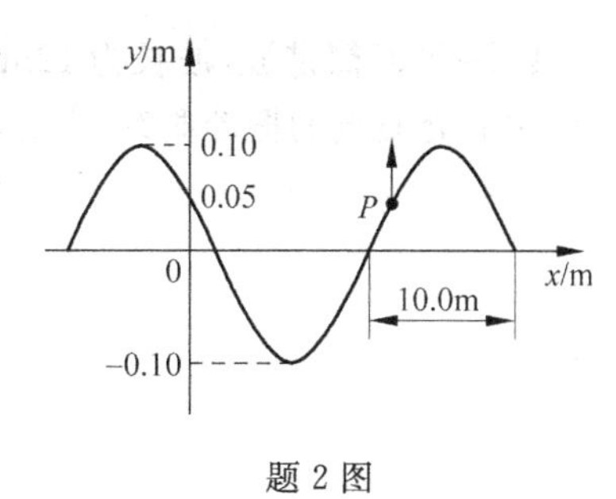

题2图

3. 如图所示为一平面简谐波在 $t=0$ 时刻的波形图，求：(1)该波的波动方程；(2)P 处质点的运动方程。

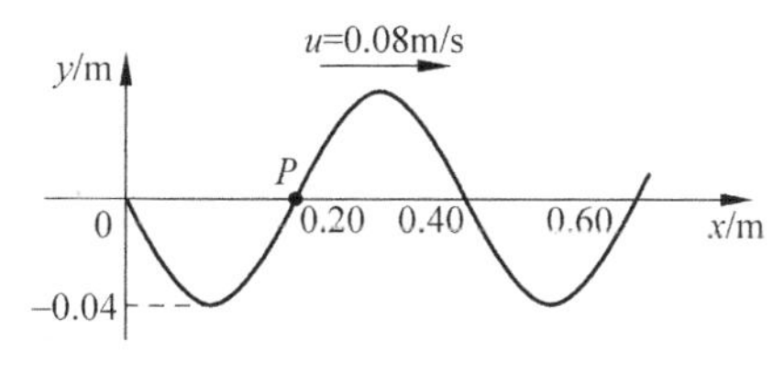

题3图

4. 一平面简谐波，波长为12m，沿 Ox 轴负向传播。图示为 $x=1.0\text{m}$ 处质点的振动曲线，求此波的波动方程。

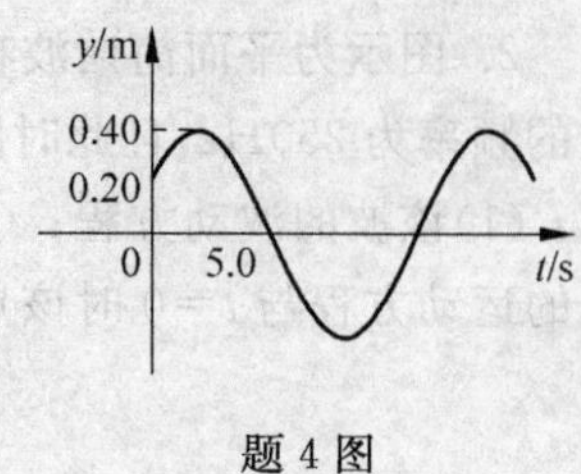

题4图

5. 图中(Ⅰ)是 $t=0$ 时的波形图，(Ⅱ)是 $t=0.1\text{s}$ 时的波形图，已知 $T>0.1\text{s}$，写出波动方程的表达式。

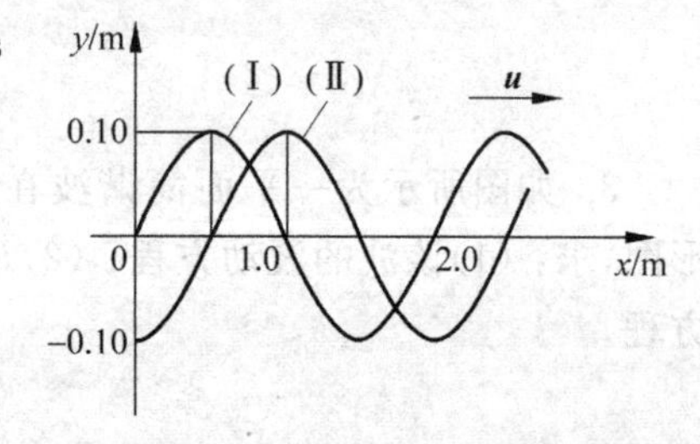

题5图

6. 如图所示，一平面波在介质中以波速 $u=20\text{m/s}$ 沿 x 轴负方向传播，已知 A 点的振动方程为 $y=3\times10^{-2}\cos4\pi t(\text{SI})$。(1)以 A 点为坐标原点写出波的表达式；(2)以距 A 点 5m 处的 B 点为坐标原点，写出波的表达式。

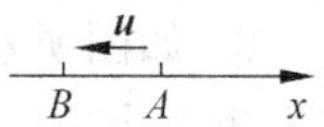

题6图

7. 如图所示，两振动方向相同的平面简谐波波源分别位于 A、B 两点。设它们相位相同，且频率均为 $\nu=30\text{Hz}$，波速 $u=0.50\text{m/s}$。求在 P 点处两列波的相位差。

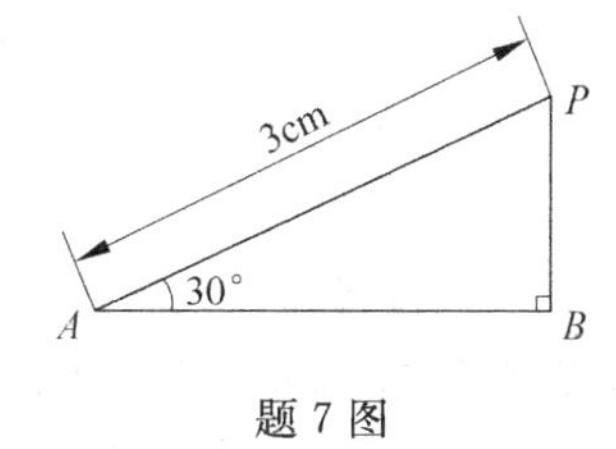

题7图

8. 如图所示，两相干波源分别在 P、Q 两点处，它们发出频率为 ν、波长为 λ，初相相同的两列相干波。设 $\overline{PQ}=3\lambda/2$，R 为 PQ 连线上的一点。求：(1)自 P、Q 发出的两列波在 R 处的相位差；(2)两波在 R 处干涉时的合振幅。

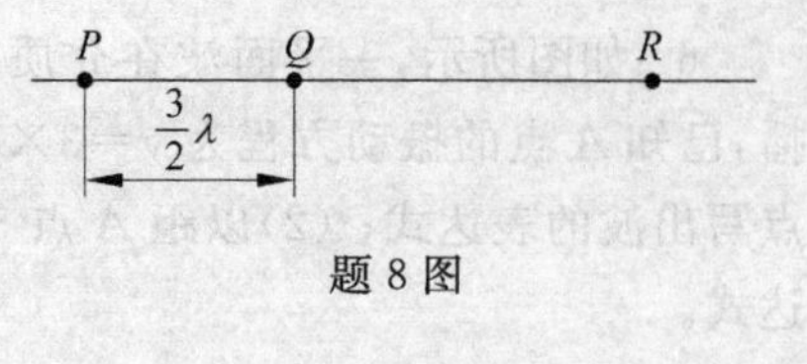

题 8 图

9. 一弦上的驻波方程式为

$$y=3.0\times10^{-2}\cos(1.6\pi x)\cos(550\pi t)\,(\mathrm{m})$$

(1) 若将此驻波看成是由传播方向相反、振幅及波速均相同的两列相干波叠加而成的，求它们的振幅及波速；(2) 求相邻波节之间的距离；(3) 求 $t=3.0\times10^{-3}\,\mathrm{s}$ 时位于 $x=0.625\mathrm{m}$ 处质点的振动速度。

10. 图示为干涉型消声器结构的原理图，利用这一结构可以消除噪声。当发动机排气噪声声波经管道到达点 A 时，分成两路而在点 B 相遇，声波因干涉而相消。如果要消除频率为 300Hz 的发动机排气噪声，则图中弯管与直管的长度差 $\Delta r=r_2-r_1$ 至少应为多少（设声波速度为 340m/s）？

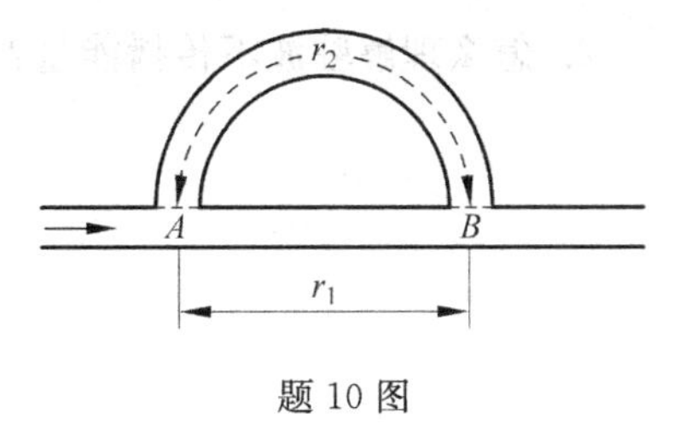

题 10 图

五、思考题

1. 驻波有没有相位的传播？

2. 怎么理解驻波不传播能量？

3. 驻波是否传递波形？

4. 驻波同其他的波干涉现象相比，特点是什么？

5. 波动与振动的联系和区别是什么?

6. 波源向着观察者运动和观察者向波源运动都会产生频率增高的多普勒效应,这两种情况有何区别?

7. 波动方程 $y=A\cos\left[\omega\left(t-\frac{x}{u}\right)+\varphi\right]$中的$\frac{x}{u}$表示什么意思?

8. 波动方程中坐标原点是否一定要选在波源处？

9. 波动方程和振动方程有什么不同？

10. 波在介质中传播时，为什么介质元的动能和势能具有相同的位相？

第10章　光　　学

一、判断题

1. 杨氏双缝干涉条纹，是对称分布，明暗条纹交替排列的。（　　）

2. 杨氏双缝干涉条纹中，相邻明纹和相邻暗纹的间距相等。（　　）

3. 杨氏双缝干涉条纹中，入射光波长越长，间距越大；双缝间距越大，间距越大。（　　）

4. 劈尖干涉条纹间距与劈尖角有关，当入射波长一定时，劈尖角越大，条纹间距越大。（　　）

5. 单缝的夫琅禾费衍射中，当入射波长一定时，单缝宽度越宽，中央明纹的线宽度也越宽。（　　）

6. 单缝的夫琅禾费衍射中，当缝宽一定时，对于同一级衍射条纹，波长越大，衍射角也越大。（　　）

7. 光栅衍射条纹的特点是：主明条纹很亮，很窄，相邻主明纹间的暗区很宽，衍射图样十分清晰。（　　）

8. 对于光栅而言，光栅常数越小，各级明条纹的衍射角越大，明纹间距越大。（　　）

9. 一束自然光垂直通过偏振片，以入射光线为轴旋转偏振片，出射光强不变，与入射光线的强度相等。（　　）

10. 自然光以布儒斯特角由空气入射到一玻璃表面上，反射光是垂直于入射面的振动占优势的部分偏振光。（　　）

二、选择题

1. 在相同的时间内，一束波长为 λ 的单色光在空气中和在玻璃中（　　）。

A. 传播的路程相等，走过的光程相等

B. 传播的路程相等，走过的光程不相等

C. 传播的路程不相等，走过的光程相等

D. 传播的路程不相等，走过的光程不相等

2. 如图，S_1、S_2是两个相干光源，它们到 P 点的距离分别为 r_1和 r_2。路径 S_1P 垂直穿过一块厚度为 t_1，折射率为 n_1的介质板，路径 S_2P 垂直穿过厚度为 t_2，折射率为 n_2的另一介质板，其余部分可看作真空，这两条路径的光程差等于（　　）。

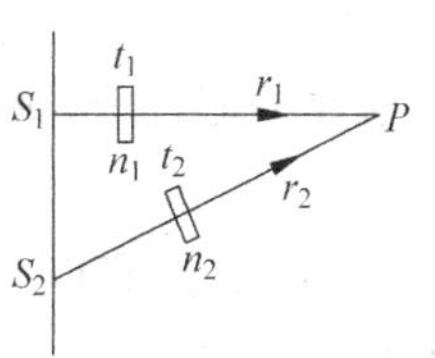

题2图

A. $(r_2+n_2t_2)-(r_1+n_1t_1)$

B. $[r_2+(n_2-1)t_2]-[r_1+(n_1-1)t_1]$

C. $(r_2-n_2t_2)-(r_1-n_1t_1)$

D. $n_2t_2-n_1t_1$

3. 在图示三种透明材料构成的牛顿环装置中，用单色光垂直照射，在反射光中看到干涉条纹，则在接触点 P 处形成的圆斑为（　　）。

A. 全明　　B. 全暗

C. 右半部明，左半部暗　　D. 右半部暗，左半部明

4. 用劈尖干涉法可检测工件表面缺陷，当波长为 λ 的单色平行光垂直入射时，若观察到的干涉条纹如图所示，每一条纹弯曲部分的顶点恰好与其左边条纹的直线部分的连线相切，则工件表面与条纹弯曲处对应的部分（　　）。

A. 凸起，且高度为 $\lambda/4$　　B. 凸起，且高度为 $\lambda/2$

C. 凹陷，且深度为 $\lambda/2$　　D. 凹陷，且深度为 $\lambda/4$

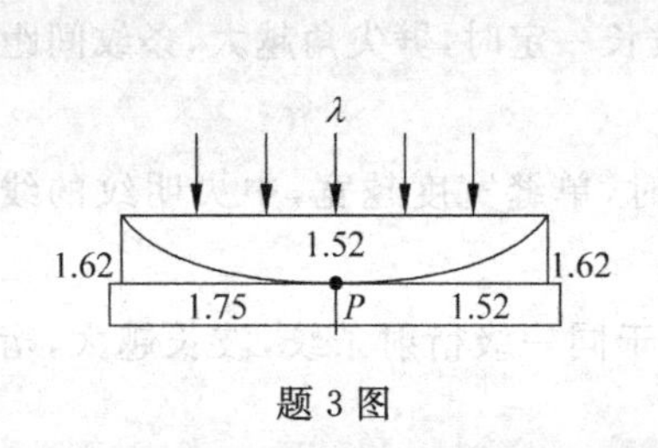

题 3 图

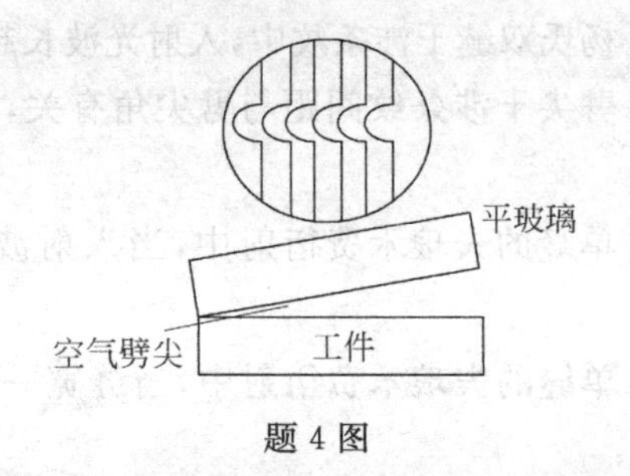

题 4 图

5. 在玻璃（折射率 $n_3=1.60$）表面镀一层 MgF_2（折射率 $n_2=1.38$）薄膜作为增透膜。为了使波长为 500nm（$1nm=10^{-9}m$）的光从空气（$n_1=1.00$）正入射时尽可能减少反射，MgF_2 薄膜的最小厚度应是（　　）。

A. 78.1nm　　B. 90.6nm　　C. 125nm　　D. 181nm

6. 在迈克耳孙干涉仪的一条光路中，放入一折射率为 n，厚度为 d 的透明薄片，放入后，这条光路的光程改变了（　　）。

A. $2(n-1)d$　　B. $2nd$

C. $2(n-1)d+\lambda/2$　　D. nd

7. 在单缝夫琅禾费衍射实验中，波长为 λ 的单色光垂直入射在宽度为 $a=4\lambda$ 的单缝上，对应于衍射角为 30°的方向，单缝处波阵面可分成的半波带数目为（　　）。

A. 2 个　　B. 4 个　　C. 6 个　　D. 8 个

8. 在单缝夫琅禾费衍射装置中，设中央明纹的衍射角范围很小。若使单缝宽度 a 变为原来的 3/2，同时使入射的单色光的波长 λ 变为原来的 3/4，则屏幕上单缝衍射条纹中央明纹的宽度 Δx 将变为原来的（　　）。

A. 3/4 倍　　B. 2/3 倍　　C. 9/8 倍　　D. 1/2 倍

9. 如果两个偏振片堆叠在一起，且偏振化方向之间夹角为 60°，光强为 I_0 的自然光垂直入射在偏振片上，则出射光强为（　　）。

A. $I_0/8$　　B. $I_0/4$　　C. $3I_0/8$　　D. $3I_0/4$

10. 自然光以 60°的入射角照射到某两介质交界面时，反射光为完全线偏振光，则折射光为（　　）。

A. 完全线偏振光且折射角是 30°

B. 部分偏振光且只是在该光由真空入射到折射率为 $\sqrt{3}$ 的介质时，折射角是 30°

C. 部分偏振光，但须知两种介质的折射率才能确定折射角

D. 部分偏振光且折射角是30°

三、填空题

1. 如图所示，假设有两个相同的相干点光源 S_1 和 S_2，发出波长为 λ 的光。A 是它们连线的中垂线上的一点。若在 S_1 与 A 之间插入厚度为 e、折射率为 n 的薄玻璃片，则两光源发出的光在 A 点的相位差 $\Delta\phi=$________。若已知 $\lambda=500\text{nm}$，$n=1.5$，A 点恰为第4级明纹中心，则 $e=$________nm。

2. 如图所示，在双缝干涉实验中，若把一厚度为 e、折射率为 n 的薄云母片覆盖在 S_1 缝上，中央明条纹将向________移动；覆盖薄云母片后两束相干光至原中央明纹 O 处的光程差为________。

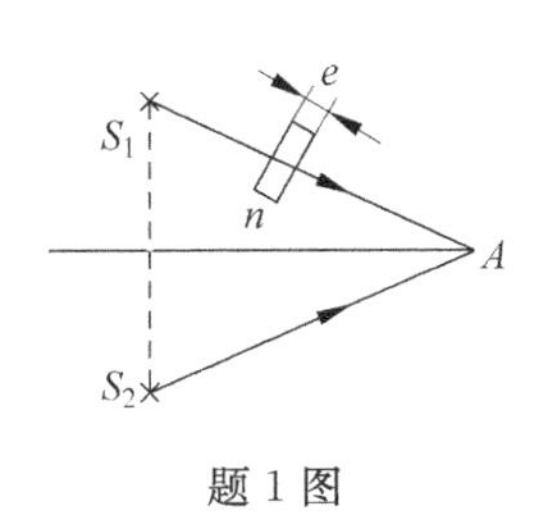

题1图

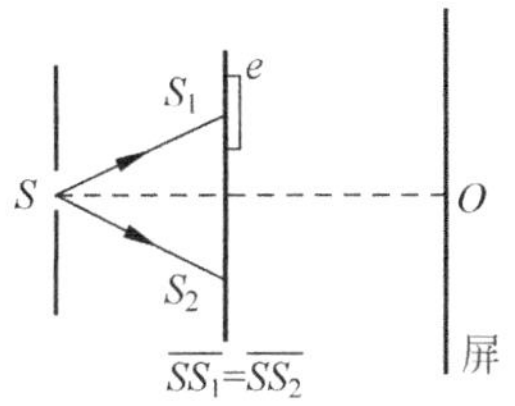

题2图

3. 在双缝干涉实验中，双缝间距为 d，双缝到屏的距离为 $D(D\gg d)$，测得中央零级明纹与第5级明纹之间的距离为 x，则入射光的波长为________。

4. 双缝间距为0.3mm，被波长为420nm的紫光垂直照射时，在缝后140cm处的屏上测得干涉条纹间距为________。

5. 有一劈形透明膜，其劈尖角 $\theta=1.0\times10^{-4}\,\text{rad}$，在波长 $\lambda=700\text{nm}$ 的单色光垂直照射下，测得两相邻干涉明条纹间距 $l=0.25\text{cm}$，由此可知此透明材料的折射率 $n=$________。

6. 迈克耳孙干涉仪测微小的位移。若入射光波波长 $\lambda=628.9\text{nm}$，当动臂反射镜移动时，干涉条纹移动了2048条，反射镜移动的距离 $d=$________。

7. 如图所示，波长 $\lambda=480.0\text{nm}$ 的平行光垂直照射到宽度 $a=0.40\text{mm}$ 的单缝上，单缝后透镜的焦距 $f=60\text{cm}$，当单缝两边缘点 A、B 射向 P 点的两条光线在 P 点的相位差为 π 时，P 点离透镜焦点 O 的距离等于________。

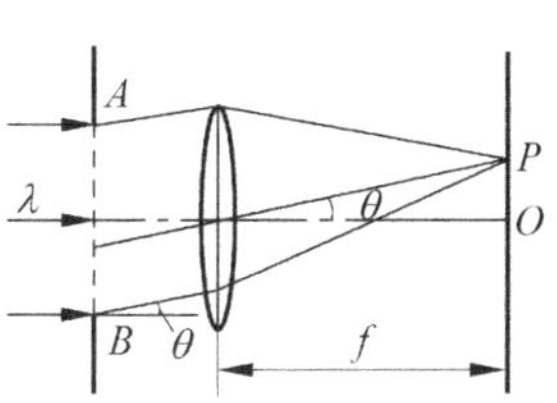

题7图

8. 单色光垂直入射到一个每毫米有800条刻线的光栅上，如果第1级谱线的衍射角为30°，则入射光的波长应为________。

9. 波长 $\lambda=550\text{nm}(1\text{nm}=10^{-9}\text{m})$ 的单色光垂直入射于光栅常数 $d=2\times10^{-4}\text{cm}$ 的平面衍射光栅上，可能观察到光谱线的最高级次为第________级。

10. 一束自然光从空气投射到玻璃表面上(空气折射率为1)，当折射角为30°时，反射光是完全偏振光，则此玻璃板的折射率等于________。

四、计算题

1. 在杨氏双缝干涉实验中，波长 $\lambda=550\text{nm}$ 的单色平行光垂直入射到缝间距 $a=2\times10^{-4}\text{m}$ 的双缝上，屏到双缝的距离 $D=2\text{m}$。求：

(1) 中央明纹两侧的两条第 10 级明纹中心的间距；

(2) 用一厚度为 $e=6.6\times10^{-5}\text{m}$、折射率为 $n=1.58$ 的玻璃片覆盖一缝后，零级明纹将移到原来的第几级明纹处？

2. 在杨氏双缝干涉实验中，若用折射率为 1.6 的透明薄膜遮盖下面一个缝，用波长为 632.8nm 的单色光垂直照射双缝，结果使中央明纹中心移到原来的第 3 级明条纹的位置上，求薄膜的厚度。

3. 冬天，在电车和公共汽车的玻璃上形成薄冰层，白光透过它呈绿色，估算冰层的最小厚度。取绿色光波长为546nm，已知冰的折射率为1.33，玻璃的折射率为1.50。

4. 在折射率 $n_1=1.52$ 的镜头表面涂有一层折射率 $n_2=1.38$ 的 MgF_2 增透膜，如果此膜适用于波长 $\lambda=550\text{nm}$ 的光，膜的厚度应是多少？最小膜厚是多少？

5. 用波长为 500nm 的单色光垂直照射到由两块光学平玻璃构成的空气劈形膜上。在观察反射光的干涉现象中，距劈形膜棱边 $l=1.56\text{cm}$ 的 A 处是从棱边算起的第 4 条暗条纹中心。

(1) 求此空气劈形膜的劈尖角 θ；

(2) 改用 600nm 的单色光垂直照射到此劈尖上仍观察反射光的干涉条纹，A 处是明条纹还是暗条纹？

(3) 在第(2)问的情形下从棱边到 A 处的范围内共有几条明纹？几条暗纹？

6. 一单缝的宽度 $a=0.20\text{mm}$，以波长 $\lambda=550\text{nm}$ 的单色光垂直照射，设透镜的焦距 $f=10\text{m}$。求：(1)第 1 级暗纹距中心的距离；(2)第 2 级明纹距中心的距离。

7. 用橙黄色的平行光垂直照射到宽度 $a=0.6\text{mm}$ 的单缝上，在缝后放置一个焦距 $f=40.0\text{cm}$ 的凸透镜，则在屏幕上形成衍射条纹，若在屏幕上离中央明条纹中心为 1.40mm 处的 P 点为一明纹。试求：(1)入射光的波长；(2)P 点的条纹级数；(3)从 P 点看，对该光波而言，狭缝处的波阵面可分成几个半波带(橙黄色光的波长为 600～650nm)。

8. 波长 $\lambda=600\text{nm}$ 的单色光垂直入射到一光栅上，测得第 2 级主极大的衍射角为 30°，且第 3 级是缺级。

(1) 光栅常数 $(a+b)$ 等于多少?

(2) 透光缝可能的最小宽度 a 等于多少?

(3) 在选定了上述 $(a+b)$ 和 a 之后，求在衍射角 $-\frac{\pi}{2}<\varphi<\frac{\pi}{2}$ 范围内可能观察到的全部主极大的级次。

9. 一衍射光栅，每厘米 200 条透光缝，每条透光缝宽 $a=2\times10^{-3}$ cm，在光栅后放一焦距 $f=1$m 的凸透镜，现以 $\lambda=600$nm 的单色平行光垂直照射光栅，求：

(1) 透光缝 a 的单缝衍射中央明条纹宽度为多少？

(2) 在该宽度内，有几个光栅衍射主极大？

10. 使自然光通过两个偏振化方向夹角为 60°的偏振片时，透射光强为 I_1，在这两个偏振片之间再插入一偏振片，它的偏振化方向与前两个偏振片均为 30°，则此时透射光强 I 与 I_1 之比为多少？

五、思考题

1. 如图所示，在杨氏双缝实验中，作如下单项调整，屏幕上的干涉条纹如何变化？试说明理由。

(1) 使两缝之间的距离减小；

(2) 使屏幕 E 向 x 轴的负方向移动一小距离；

(3) 用氦氖激光器光源（$\lambda_2=632.8\text{nm}$）来代替钠光灯光源（$\lambda_1=589.3\text{nm}$）；

(4) 整个装置的结构不变，全部浸入水中；

(5) 用白光照射单缝；

(6) 将单缝屏沿 y 轴负方向作小的位移；

(7) 用一块透明的薄云母片盖住 S_2 缝。

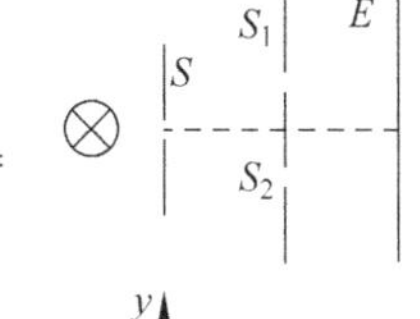

题1图

2. 观察肥皂液膜的干涉时，先看到彩色图样，然后彩色图样随膜厚度的变化而变化，当彩色图样消失呈现黑色时，肥皂膜破裂，为什么？

3. 如图所示，在单缝 a 处的波阵面恰好分成 4 个半波带。光线 1 与 3 是同相位的，光线 2 与 4 是同相位的。为什么在 P 点的光强不是极大而是极小？

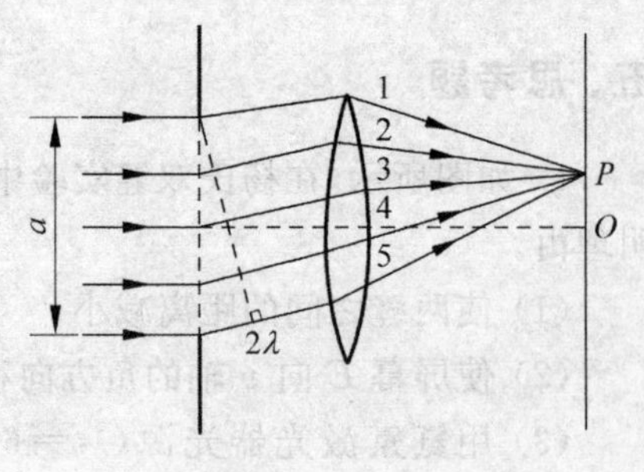

题 3 图

4. 在单缝的夫琅禾费衍射中，改变下列条件，衍射条纹有何变化？(1)单缝沿透镜光轴的方向平移；(2)单缝垂直于光轴方向平移；(3)单缝变窄；(4)入射光波长变长；(5)入射平行光与光轴有一夹角。

5. 自然光入射到两个偏振片上，这两个偏振片的取向使得光不能透过。如果在这两个偏振片之间插入第三块偏振片之后，则有光透过，那么第三块偏振片是怎么放置的？试用图表示出来。

6. 用白色线光源做双缝干涉实验时，若在缝 S_1 后面放一红色滤光片，S_2 后面放一绿色滤光片，问能否观察到干涉条纹？为什么？

7. 隐形飞机很难被雷达发现，是由于飞机表面覆盖了一层电介质(如塑料或橡胶)，从而使入射的雷达波反射极微。试说明这层电介质是怎样减弱反射波的？

8. 衍射的本质是什么？干涉和衍射有什么区别和联系？

9. 戴上普通的眼镜看，池中的鱼几乎被水面反射的眩光蒙蔽掉了，戴上用偏振片做成的眼镜，就可以看清池中的水了，这是为什么？

10. 有人认为只有自然光摄入晶体才能获得o光和e光。你的看法如何？

第 11 章　气体动理论

一、判断题

1. 在同一温度下,不同气体分子的平均平动动能相等。（　　）

2. 如果盛有气体的容器相对某坐标系运动,容器内的分子速度相对此坐标系也增大了,温度也因此而升高。（　　）

3. 如果氢气和氦气的温度相同,分子的平均平动动能相等。（　　）

4. 如果氧气和氮气的温度相同,分子的平均动能相等。（　　）

5. 如果氧气和氦气的温度相同,分子的内能相等。（　　）

6. 若某理想气体系统内分子的自由度为 i,当该系统处于平衡态时,每个分子的能量都等于$\frac{i}{2}kT$。（　　）

7. 一定量的理想气体可以保持温度不变同时增大体积、降低压强。（　　）

8. 物质的量相同的氢气和氦气,如果它们的温度相同,则两气体内能必相等。（　　）

9. 某种理想气体分子在温度 T_1时的方均根速率等于温度 T_2时的算术平均速率,则 $T_2 : T_1 = 8\pi/3$。（　　）

10. 若在某个过程中,一定量的理想气体的热力学能(内能)U 随压强 p 的变化关系为一直线(其延长线过 U-p 图的原点),则该过程为等容过程。（　　）

二、选择题

1. 用分子质量 m,总分子数 N,分子速率 v 和速率分布函数 $f(v)$表示的分子平动动能平均值为(　　)。

A. $\int_0^\infty Nf(v)\mathrm{d}v$　　B. $\int_0^\infty \frac{1}{2}mv^2 f(v)\mathrm{d}v$

C. $\int_0^\infty \frac{1}{2}mv^2 Nf(v)\mathrm{d}v$　　D. $\int_0^\infty \frac{1}{2}mvf(v)\mathrm{d}v$

2. 下列对最概然速率 v_p 的表述中,不正确的是(　　)。

A. v_p 是气体分子可能具有的最大速率

B. 就单位速率区间而言,分子速率取 v_p 的概率最大

C. 分子速率分布函数 $f(v)$取极大值时所对应的速率就是 v_p

D. 在相同速率间隔条件下分子处在 v_p 所在的那个间隔内的分子数最多

3. 有两个容器,一个盛氢气,另一个盛氧气,如果两种气体分子的方均根速率相等,那么由此可以得出下列结论,正确的是(　　)。

A. 氧气的温度比氢气的高　　B. 氢气的温度比氧气的高

C. 两种气体的温度相同　　D. 两种气体的压强相同

4. A、B、C 三个容器中皆装有理想气体，它们的分子数密度之比为 $n_A:n_B:n_C=4:2:1$，而分子的平均平动动能之比为$\bar{\varepsilon}_{kA}:\bar{\varepsilon}_{kB}:\bar{\varepsilon}_{kC}=1:2:4$，则它们的压强之比 $p_A:p_B:p_A=$（　　）。

A. 1∶2∶1　　B. 1∶1∶1　　C. 1∶2∶2　　D. 2∶1∶2

5. 在标准状态下，体积比为 1∶2 的氧气和氦气（均视为理想气体）相混合，混合气体中氧气和氦气的内能之比为（　　）。

A. 1∶2　　B. 5∶3　　C. 5∶6　　D. 10∶3

6. 有 A、B 两种容积不同的容器，A 中装有单原子理想气体，B 中装有双原子理想气体，若两种气体的压强相同，则这两种气体的单位体积的热力学能（内能）$\left(\frac{U}{V}\right)_A$ 和 $\left(\frac{U}{V}\right)_B$ 的关系为（　　）。

A. $\left(\frac{U}{V}\right)_A<\left(\frac{U}{V}\right)_B$　　B. $\left(\frac{U}{V}\right)_A>\left(\frac{U}{V}\right)_B$

C. $\left(\frac{U}{V}\right)_A=\left(\frac{U}{V}\right)_B$　　D. 无法判断

7. 一定量的理想气体可以（　　）。

A. 保持压强和温度不变同时减小体积

B. 保持体积和温度不变同时增大压强

C. 保持体积不变同时增大压强、降低温度

D. 保持温度不变同时增大体积、降低压强

8. 设某理想气体体积为 V，压强为 P，温度为 T，每个分子的质量为 m，玻耳兹曼常数为 k，则该气体的分子总数可以表示为（　　）。

A. $\frac{PV}{km}$　　B. $\frac{PT}{mV}$　　C. $\frac{PV}{kT}$　　D. $\frac{PT}{kV}$

9. 关于温度的意义，有下列几种说法：

(1) 气体的温度是分子平均平动动能的量度；

(2) 气体的温度是大量气体分子热运动的集体表现，具有统计意义；

(3) 温度的高低反映物质内部分子运动剧烈程度的不同；

(4) 从微观上看，气体的温度表示每个气体分子的冷热程度；

上述说法中正确的是（　　）。

A. (1)、(2)、(4)　　B. (1)、(2)、(3)

C. (2)、(3)、(4)　　D. (1)、(3)、(4)

10. 物质的量相同的氢气和氦气，如果它们的温度相同，则两气体（　　）。

A. 内能必相等　　B. 分子的平均动能必相同

C. 分子的平均平动动能必相同　　D. 分子的平均转动动能必相同

三、填空题

1. 用分子质量 m，总分子数 N，分子速率 v 和速率分布函数 $f(v)$ 表示下列各量：

(1) 速率大于 100m/s 的分子数________；

(2) 分子平动动能的平均值________；

(3) 多次观察某一分子速率，发现其速率大于100m/s的概率________。

2. 温度为T的热平衡态下，物质分子的每个自由度都具有的平均动能为________；温度为T的热平衡态下，每个分子的平均总能量________；温度为T的热平衡态下，νmol($\nu=m_0/M$为物质的量)分子的平均总能量________；温度为T的热平衡态下，每个分子的平均平动动能________。

3. 质量为50.0g、温度为18.0℃的氦气装在容积为10.0L的封闭容器内，容器以$v=$200m/s的速率作匀速直线运动。若容器突然停止，定向运动的动能全部转化为分子热运动的动能，则平衡后氦气的温度将增加________K；压强将增加________Pa。

4. 某种理想气体分子在温度T_1时的最概然速率等于温度T_2时的算术平均速率，则$T_2:T_1=$________。

5. 1mol氢气，在温度为27℃时，它的平动动能、转动动能和内能各是________、________、________(氢气视为刚性双原子分子)。

6. 一瓶氧气和一瓶氢气等压、等温，氧气体积是氢气的2倍，则氧气和氢气分子数密度之比为________。

7. 由质量为m，摩尔质量为M，温度为T，自由度为i的分子组成的系统的内能为________。

8. 用总分子数N、气体分子速率v和速率分布函数$f(v)$表示下列各量：(1)速率大于v_0的分子数=________；(2)速率大于v_0的那些分子的平均速率=________；(3)多次观察某一分子的速率，发现其速率大于v_0的概率=________。

9. 一容器内储有某种气体，若已知气体的压强为3×10^5Pa，温度为27℃，密度为0.24kg/m^3，则可确定此种气体是________气；并可求出此气体分子热运动的最概然速率为________m/s。

10. 两个相同体积容器中盛有相同温度、压强的氦气和氢气，则氦气和氢气的内能的比值为________(氢气视为刚性双原子分子)。

四、计算题

1. 将1mol温度为T的水蒸气分解为同温度的氢气和氧气，试求氢气和氧气的热力学能(内能)之和比水蒸气的热力学能增加了多少(所有气体分子均视为刚性分子)？

2. 在容积为 $3.0\times10^{-2}\,m^3$ 的容器中，储有 $2.0\times10^{-2}\,kg$ 的气体，其压强为 $50.7\times10^3\,Pa$，试求该气体分子最概然速率、平均速率及方均根速率。

3. 容器中储有氧气，其压强为 $p=0.1MPa$(即 1atm)，温度为 27℃，求：
(1) 分子数密度 n；(2)氧分子的质量 m；(3)气体密度 ρ。

4. 某柴油机的气缸充满空气，压缩前空气的温度为 47℃，压强为 8.61×10^4 Pa。当活塞急剧上升时，可把空气压缩到原体积的 1/17，此时压强增大到 4.25×10^6 Pa，求这时空气的温度。

5. 设有 N 个粒子的系统，其速率分布如图所示。求：

(1) 分布函数 $f(v)$ 的表达式；

(2) a 与 v_0 之间的关系；

(3) 速度在 $1.5v_0$ 到 $2.0v_0$ 之间的粒子数。

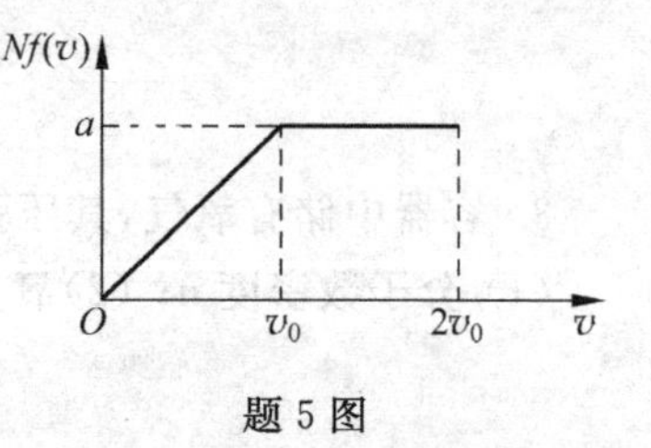

题 5 图

6. 设有10^{23}个氧分子(质量为 32 原子质量单位)以 500m/s 的速度沿着与器壁法线成 45°角的方向撞在面积为 $2\times10^{-4}\,\mathrm{m}^3$ 的器壁上,求这群分子作用在器壁上的压强。

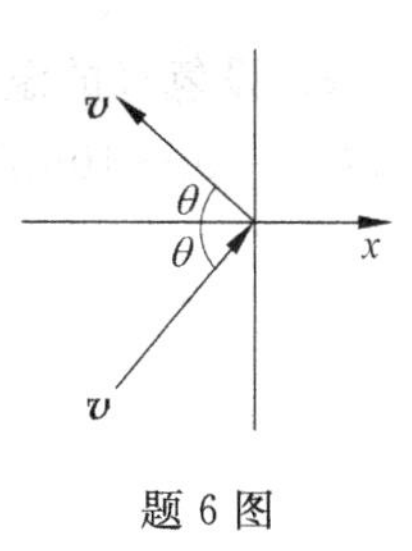

题 6 图

7. 在半径为 R 的球形容器里储有分子有效直径为 d 的气体,试求该容器中最多可以容纳多少个分子,才能使气体分子间不至于相碰。

8. 设氢气的温度为300℃。求速度大小在3000～3010m/s之间的分子数N_1与速度大小在v_p～v_p＋10m/s之间的分子数N_2之比。

9. 导体中自由电子的运动可以看成类似于气体分子的运动，所以常称导体中的电子为电子气。设导体中共有N个自由电子，电子气中电子的最大速率为v_f（称为费米速率），电子的速率分布函数为

$$f(v)=\begin{cases}4\pi Av^2, & 0\leqslant v\leqslant v_f\\ 0, & v>v_f\end{cases}$$

式中A为常量，求：(1)常数A；(2)电子气中一个自由电子的平均动能。

10. 有一水银气压计，当水银柱为 0.76m 高时，管顶离水银柱液面 0.12m，管的截面积为 $2.0\times10^{-4}\mathrm{m}^2$，当有少量氦(He)混入水银管内顶部时，水银柱高下降为 0.6m，此时温度为 27℃，试计算在管顶的氦气质量(He 的摩尔质量为 0.004kg/mol)。

五、思考题

1. 什么是热力学系统的平衡态？气体在平衡态时有何特征？当气体处于平衡态时还有分子热运动吗？

2. 何谓理想气体的内能？为什么理想气体的内能是温度的单值函数？

3. 试说明下列各量的物理意义：

(1) $\frac{1}{2}kT$；　(2) $\frac{3}{2}kT$；　(3) $\frac{i}{2}kT$；

(4) $\frac{m}{M}\frac{i}{2}RT$；　(5) $\frac{i}{2}RT$；　(6) $\frac{3}{2}RT$

4. 速率分布函数 $f(v)$的物理意义是什么？试说明下列各量的物理意义(n 为分子数密度,N 为系统总分子数)。

(1) $f(v)\mathrm{d}v$;　(2) $nf(v)\mathrm{d}v$;　(3) $Nf(v)\mathrm{d}v$;

(4) $\int_0^v f(v)\mathrm{d}v$;　(5) $\int_0^\infty f(v)\mathrm{d}v$;　(6) $\int_{v_1}^{v_2} Nf(v)\mathrm{d}v$

5. 温度概念的适用条件是什么？温度微观本质是什么？

6. 为什么说温度具有统计意义？“一个分子具有多少温度”的说法对不对？

7. 最概然速率的物理意义是什么？方均根速率、最概然速率和平均速率各有何用处？

8. 在同一温度下，不同气体分子的平均平动动能相等。就氢分子和氧分子比较，氧分子的质量比氢分子大，所以氢分子的速率一定比氧分子大，对吗？

9. 什么是理想气体？与实际气体有什么区别？

10. 下列系统各有多少个自由度：

(1) 在一平面上滑动的粒子；

(2) 可以在一平面上滑动并可围绕垂直于平面的轴转动的硬币；

(3) 一弯成三角形的金属棒在空间自由运动。

第 12 章　热力学基础

一、判断题

1. 只有处于平衡状态的系统才可用状态参数来表述。 （　　）

2. 温度是标志分子热运动激烈程度的物理量，所以某个分子运动越快，说明该分子温度越高。 （　　）

3. 熵增大的过程为不可逆过程。 （　　）

4. 对工质加热，其温度反而降低，这种情况可能发生。 （　　）

5. 理想气体的定温过程的过程方程式为 T＝常数（或 pv＝常数）。 （　　）

6. 做功又吸热的系统是封闭系统。 （　　）

7. 任何热机，必须有一个高温热源与一个低温热源（或称冷源）。 （　　）

8. 气体的比容不变时，压力与温度成反比。 （　　）

9. 热力学第一定律中，工质吸收热量 ω 取负号。 （　　）

10. 热力学第一定律是能量转换和守恒定律，所以凡是满足热力学第一定律的热力学过程都能够实现。 （　　）

二、选择题

1. 准静态过程中，系统经过的所有状态都接近（　　）。

　A. 初态　　B. 环境状态　　C. 邻近状态　　D. 平衡状态

2. 热力学第一定律适用于（　　）。

　A. 开口系统、理想气体、稳定流动

　B. 闭口系统、实际气体、任意流动

　C. 任意系统、任意工质、任意过程

　D. 任意系统、任意工质、可逆过程

3. 卡诺定理指出（　　）。

　A. 相同温限内一切可逆循环的热效率相等

　B. 相同温限内可逆循环的热效率必大于不可逆循环的热效率

　C. 相同温度的两个恒温热源之间工作的一切可逆循环的热效率相等

　D. 相同温度的两个恒温热源之间工作的一切循环的热效率相等

4. 在如下有关热力学第二定律的解读中，不正确的是（　　）。

　A. 不可能实施一种过程把吸热量全部转变为功

　B. 当两个不同温度的物体接触时，热量总是由高温物体向低温物体转移

　C. 不可能实现只依靠向巨量环境空气吸热而工作的热机

　D. 任何热机的效率都不能等于 1

5. 工作于恒温源727℃和27℃之间的热机从高温热源吸热100kJ时，可能输出的最大功为(　　)。

A. 96.3kJ　　B. 3.7kJ　　C. 70kJ　　D. 30kJ

6. 在高温热源 T_1 和低温热源 T_2 之间实施卡诺循环，若 $T_1=mT_2$（m 为系数），循环中放给低温热源的热量是从高温热源吸热量的(　　)。

A. m 倍　　B. $(m-1)$倍　　C. $\frac{m-1}{m}$　　D. $\frac{1}{m}$

7. 有一截面均匀的封闭圆筒，中间被一光滑的活塞分隔成两边，如果其中的一边装有0.1kg某一温度的氢气，为了使活塞停留在圆筒的正中央，则另一边应装入同一温度的氧气的质量为(　　)。

A. (1/16)kg　　B. 0.8kg　　C. 1.6kg　　D. 3.2kg

8. 一定量某理想气体按 pV^2＝恒量的规律膨胀，则膨胀后理想气体的温度(　　)。

A. 将升高　　B. 将降低

C. 不变　　D. 升高还是降低，不能确定

9. 设环境空气温度为30℃，冷库温度为－20℃，逆卡诺循环的制冷系数 ε 等于(　　)。

A. 6.06　　B. 5.06　　C. 7.32　　D. 6.58

10. 一物质系统从外界吸收一定的热量，则(　　)。

A. 系统的内能一定增加

B. 系统的内能一定减少

C. 系统的内能一定保持不变

D. 系统的内能可能增加，也可能减少或保持不变

三、填空题

1. 绝热系统是指________。

2. 某热机完成一个循环，工质由高温热源吸热2000kJ，向低温热源放热1200kJ。在压缩过程中工质得到外功650kJ，在膨胀过程中工质所做的功为________。

3. 根据循环所产生的效果不同，可分为________循环和________循环。

4. 热机是指________的机器。

5. 要使一热力学系统的内能增加，可以通过________或________两种方式，或者两种方式兼用来完成。热力学系统的状态发生变化时，其内能的改变量只决定于________，而与________无关。

6. 一定量理想气体，从同一状态开始使其体积由 V_1 膨胀到 $2V_1$，分别经历以下三种过程：等压过程、等温过程、绝热过程. 其中：________过程气体对外做功最多；________过程气体内能增加最多；________过程气体吸收的热量最多。

7. 3mol的理想气体开始时处在压强 $p_1=6\text{atm}$、温度 $T_1=500\text{K}$ 的平衡态。经过一个等温过程，压强变为 $p_2=3\text{atm}$。该气体在此等温过程中吸收的热量为 $Q=$________J（普适气体常量 $R=8.31\text{J}\cdot\text{mol}^{-1}\cdot\text{K}^{-1}$）。

8. 写出理想气体状态方程的一种表达式：________。

9. 一热机从温度为727℃的高温热源吸热，向温度为527℃的低温热源放热，若热机在

最大效率下工作，且每一循环吸热 2000J，则此热机每一循环做功________J。

10. 在一个孤立系统内，一切实际过程都向着________的方向进行。这就是热力学第二定律的统计意义。从宏观上说，一切与热现象有关的实际的过程都是________。

四、计算题

1. 某可逆热机工作在温度为 180℃的高温热源和温度为 20℃的低温热源之间，求：

(1) 热机的热效率为多少？

(2) 当热机输出的功为 3.53kJ 时，从高温热源吸收的热量及向低温热源放出的热量分别为多少？

(3) 如将该热机逆向作为热泵运行在两热源之间，热泵的供热系数为多少？

2. 如图所示，某闭口系统，工质沿 a—c—b 由状态 a 变化到状态 b 时，吸热 120kJ，对外做功 60kJ。(1)当工质沿过程 a—d—b 变化到状态 b 时，对外做功 40kJ，试求过程 a—d—b 中工质与外界交换的热量。(2)当工质沿曲线从 b 返回初态 a 时，外界对系统做功 50kJ，试求此过程中工质与外界交换的热量。(3)如果 $U_a=0$kJ，$U_d=40$kJ，求过程 a—d、d—b 与外界交换的热量。

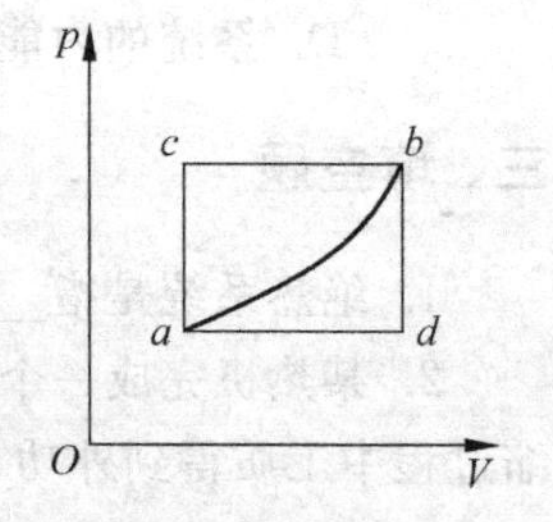

题 2 图

3. 四冲程汽油内燃机的工作循环称为奥托(OTTO)循环。设用理想气体作为工作物质，进行如图所求的循环过程。其中 $a \to b$ 为绝热压缩过程，$b \to c$ 为等体升压过程，$c \to d$ 为绝热膨胀过程，$d \to a$ 为等体降压过程，试求循环的效率，并用压缩比 V_2/V_1 表示。

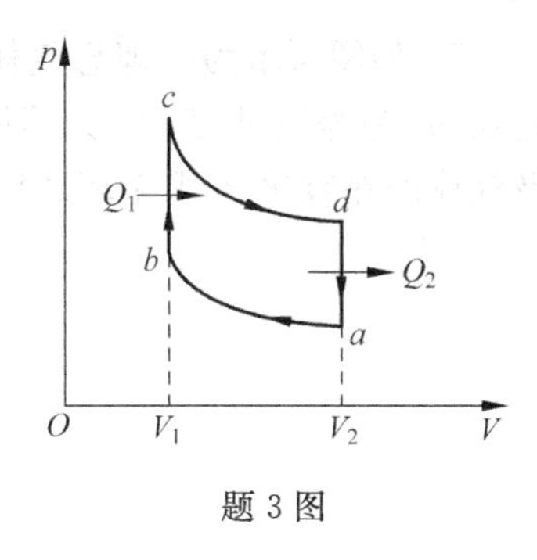

题 3 图

4. 一卡诺热机在 1000K 和 300K 的两热源之间工作，如果(1)高温热源提高为 1100K；(2)低温热源降低为 200K，从理论上说，热机效率可各增加多少？为了提高热机效率哪一种方案为好？

5. 如图所示为一理想气体循环过程，其中 ab，cd 为绝热过程，bc 为等压过程，da 为等体过程，已知 T_a、T_b、T_c 和 T_d 以及气体的热容比 γ，求循环效率。

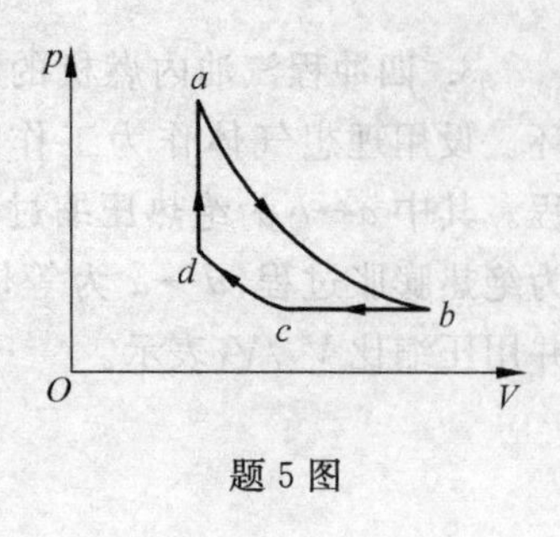

题 5 图

6. 体积为 0.027m^3 的刚性储气筒，装有压力为 7×10^5 Pa、温度为 20℃的空气。筒上装有一排气阀，压力达到 8.75×10^5 Pa 时就开启，压力降为 8.4×10^5 Pa 时才关闭。若由于外界加热的原因，造成阀门开启，设筒内空气温度在排气过程中保持不变。问：

(1) 当阀门开启时，筒内温度为多少？

(2) 因加热而失掉多少空气？

7. 将1mol理想气体等压加热，使其温度升高72K，传给它的热量等于1.60×10^3J，求：

(1) 气体所做的功W；

(2) 气体内能的增量ΔE；

(3) 比热容比。

(普适气体常量$R=8.31\text{J}\cdot\text{mol}^{-1}\cdot\text{K}^{-1}$)

8. 0.02kg的氦气(视为理想气体)，温度由17℃升为27℃。若在升温过程中，(1)体积保持不变；(2)压强保持不变；(3)不与外界交换热量；试分别求出气体内能的改变、吸收的热量、外界对气体所作的功。

(普适气体常量$R=8.31\text{J}\cdot\text{mol}^{-1}\cdot\text{K}^{-1}$)

9. 一卡诺循环的热机，高温热源温度是 400K。每一循环从此热源吸进 100J 热量并向一低温热源放出 80J 热量。求：

(1) 低温热源温度；

(2) 循环的热机效率。

10. 一定量的刚性双原子分子的理想气体，处于压强 $p_1=10\text{atm}$、温度 $T_1=500\text{K}$ 的平衡态。后经历一绝热过程达到压强 $p_2=5\text{atm}$、温度为 T_2 的平衡态。求 T_2。

五、思考题

1. 准平衡过程与可逆过程有何区别?

2. 什么是卡诺定理?

3. 卡诺循环由哪几个过程组成？当高温热源和低温热源温度分别为 T_1 和 T_2 时，其热效率为多少？

4. 夏天打开室内正在运行中的电冰箱的门，若紧闭门窗(设门窗及墙壁均不传热)，能否使室内温度降低？为什么？

5. 一隔板将一刚性容器分为左、右两室，左室气体的压力大于右室气体的压力。现将隔板抽去，左、右室气体的压力达到平衡。若以全部气体作为系统，则 ΔU、Q、W 为正？为负？或为零？

6. 空调、冰箱不是可以把热从低温热源吸出、放给高温热源吗？这是否与热力学第二定律矛盾呢？

7. 某系统从始态出发，经一个绝热不可逆过程到达终态。为了计算熵值，能否设计一个绝热可逆过程来计算？

8. “对处于绝热钢瓶中的气体，进行不可逆压缩，这过程的熵变一定大于零。”这种说法对吗？

9. 热量、比热、热容量各说明了什么？

10. 循环热效率公式为 $\eta=\frac{Q_1-Q_2}{Q_1}$ 和 $\eta=\frac{T_1-T_2}{T_1}$ 是否完全相同，为什么？

第 13 章　狭义相对论

一、判断题

1. 在某个惯性系中同时、同地发生的事件，在所有其他惯性系中也一定是同时、同地发生的。　（　　）

2. 在某个惯性系中有两个事件，同时发生在不同地点，而在与该系有相对运动的其他惯性系中，这两个事件却一定不同时。　（　　）

3. 在一个惯性系中同时发生的两个事件，在另一个惯性系一定不同时发生。　（　　）

4. 一切运动物体相对于观察者的速度都不能大于真空中的光速。　（　　）

5. 质量、长度、时间的测量结果都是随物体与观察者的相对运动状态而改变的。　（　　）

6. 在一惯性系中发生于同一时刻、不同地点的两个事件在其他一切惯性系中也是同时发生的。　（　　）

7. 惯性系中的观察者观察一个与他作匀速相对运动的时钟时，会看到这时钟比与他相对静止的相同的时钟走得慢些。　（　　）

8. 经典力学时空观认为时间、空间是绝对的，狭义相对论认为时间、空间是相对的。　（　　）

9. 在一惯性系不同地点同时发生的两个事件，在另一惯性系一定同时发生。　（　　）

10. 在一惯性系同一地点同时发生的两个事件，在另一惯性系一定同时发生。　（　　）

二、选择题

1. 在惯性系 S 中测得飞行火箭的长度是它静止长度的$\frac{2}{3}$，则火箭相对于 S 系的飞行速度为（　　）。

A. c　　B. $\frac{\sqrt{5}}{3}c$　　C. $\frac{2}{3}c$　　D. $\frac{3}{2}c$

2. 一匀质矩形薄板在它静止时测得其长为 a，宽为 b，质量为 m_0，由此可算出其面密度为 m_0/ab，假定该薄板沿长度方向以接近光速的速度 u 作直线运动，此时该矩形薄板的面密度为（　　）。

A. $\frac{m_0\sqrt{1-(u/c)^2}}{ab}$　　B. $\frac{m_0}{ab\left[\sqrt{1-(u/c)^2}\right]^2}$

C. $\frac{m_0}{ab\sqrt{1-(u/c)^2}}$　　D. $\frac{m_0}{ab\left[\sqrt{1-(u/c)^2}\right]^{3/2}}$

3. 某宇宙飞船以 $0.8C$ 的速度离开地球，若地球上接收到它发出的两个信号之间的时间间隔为 10s，则宇航员测出的相应的时间间隔为（　　）。

A. 6s　　B. 8s　　C. 10s　　D. 16.7s

4. 根据相对论力学，动能为 0.25MeV 的电子，其运动速度约等于(　　)。(c 表示真空中的光速，电子的静能 $m_0c^2=0.51\text{MeV}$)

A. $0.1c$　　B. $0.5c$　　C. $0.75c$　　D. $0.85c$

5. 一宇宙飞船相对地球以 $0.8c$ 的速度飞行，一光脉冲从船尾传到船头，飞船上的观察者测得飞船长 90m，地球上的观察者测得光脉冲从船尾发出到达船头的空间间隔为(　　)。

A. 90m　　B. 54m　　C. 270m　　D. 150m

6. α 粒子在加速器中被加速，当其质量为静止质量的 3 倍时，其动能为静止能量的(　　)。

A. 2 倍　　B. 3 倍　　C. 4 倍　　D. 5 倍

7. 已知电子的静止能量为 0.511MeV，若电子的动能为 0.25MeV，则它所增加的质量 Δm 与静止质量 m_0 的比值近似为(　　)。

A. 0.1　　B. 0.2　　C. 0.5　　D. 0.9

8. 在参考系 S 中，有两个静止质量都是 m_0 的粒子 A 和 B，分别以速度 v 沿同一直线相向运动，相碰后合在一起成为一个粒子，则其静止质量 M_0 的值为(　　)。

A. $2m_0$　　B. $2m_0\sqrt{1-\left(\frac{v}{c}\right)^2}$

C. $\frac{m_0}{2}\sqrt{1-\left(\frac{v}{c}\right)^2}$　　D. $\frac{2m_0}{\sqrt{1-\left(\frac{v}{c}\right)^2}}$

9. K 系与 K' 系是坐标轴相互平行的两个惯性系，K' 系相对于 K 系沿 Ox 轴正方向匀速运动。一根刚性尺静止在 K' 系中，与 $O'x'$ 轴成 30°角。今在 K 系中观测得该尺与 Ox 轴成 45°角，则 K' 系相对于 K 系的速度是(　　)。

A. $(2/3)c$　　B. $(1/3)c$　　C. $(2/3)^{1/2}c$　　D. $(1/3)^{1/2}c$

10. 在某地发生两件事，静止位于该地的甲测得时间间隔为 4s，若相对于甲作匀速直线运动的乙测得时间间隔为 5s，则乙相对于甲的运动速度是(c 表示真空中光速)(　　)。

A. $(4/5)c$　　B. $(3/5)c$　　C. $(2/5)c$　　D. $(1/5)c$

三、填空题

1. 惯性系 S、S' 间的相对运动关系如图，相对速度大小为 v。一块匀质平板开始时静止地放在 S' 系的 $x'y'$ 平面上，S' 系测得其质量面密度为 σ_0，S 系测得其质量面密度便为 $\sigma_1=$________ σ_0。

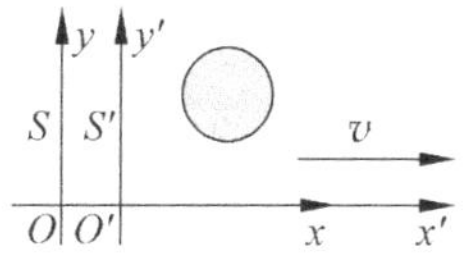

题 1 图

2. 在惯性系 S 中，测得某两事件发生在同一地点，时间间隔为 4s，在另一惯性系 S' 中，测得这两事件的时间间隔为 6s，它们的空间间隔是________。

3. π^+ 介子是不稳定的粒子，在它自己的参照系中测得平均寿命是 2.6×10^{-8}s，如果它相对实验室以 $0.8c$ 的速度运动，那么实验室坐标系中测得的 π^+ 介子的寿命是________。

4. 观察者甲以($4c/5$)的速度相对于静止的观察者乙运动，若甲携带一长度为 L，截面积为 S，质量为 m 的棒，这根棒安放在运动方向上，则甲测得此棒的密度为________，乙测得此棒的密度为________。

5. 牛郎星距离地球约 16 光年，宇宙飞船以________ m/s 的匀速度飞行，将用 4 年的时间（宇宙飞船上的钟指示的时间）抵达牛郎星。

6. 某加速器将电子加速到能量 $E=2.0\times10^{6}$ eV 时，该电子的动能________eV（电子的静止质量 $m_{e0}=9.11\times10^{-31}$ kg，1eV $=1.60\times10^{-19}$ J）。

7. 设电子静止质量为 m_{e0}，将一个电子从静止加速到速率为 $0.6c$ 时，需做功________。

8. 当粒子的动能等于它的静止能量时，它的运动速度为________。

9. 以速度 v 相对于地球作匀速直线运动的恒星所发射的光子，其相对于地球的速度大小为________。

10. 静质量为 $2m_0$ 的物块，从静止状态自发地分裂成两个相同小物块，以一样的高速率 v 朝相反方向运动。若与外界无能量交换，则每一小物块的质量为________；每一小物块的静质量为________。

四、计算题

1. 一发射台向东西两侧距离均为 L_0 的两个接收站 E 与 W 发射信号。有一飞机以匀速度 u 沿发射台与两接收站的连线由西向东飞行，试问在飞机上测得两接收站接收到发射台同一信号的时间间隔是多少？

2. 设在宇航飞船中的观察者测得脱离它而去的航天器相对于它的速度为 1.2×10^8 m/s。同时，航天器沿同一方向发射一枚空间火箭，航天器中的观察者测得此火箭相对它的速度为 1.0×10^8 m/s。求：(1)此火箭相对于宇航飞船的速度；(2)如果以激光光束来替代空间火箭，此激光光束相对于宇航飞船的速度。请将上述结果与伽利略速度变换所得结果相比较，并理解光速是运动物体的极限速度。

3. 静止的 μ 子的平均寿命约为 $\tau_0=2\times10^{-6}$ s。在 8km 的高空，由于 π 介子的衰变产生一个速度为 $u=0.998c$ 的 μ 子，问此 μ 子有无可能到达地面？

4. 半人马星座 α 星是距离太阳系最近的恒星，它距离地球 $S = 4.3\times10^{16}$ m。设有一宇宙飞船自地球飞到半人马星座 α 星，若宇宙飞船相对于地球的速度 $u=0.999c$，按地球上的时钟计算要用多少年时间？如以飞船上的时钟计算，所需时间又为多少年？

5. 火箭相对于地面以 $u=0.6c$ 的匀速度向上飞离地球。在火箭发射 10s 后（火箭上的钟），该火箭向地面发射一导弹，其速度相对于地面为 $v=0.3c$，问火箭发射后多长时间导弹到达地球（地球上的钟）？计算中假设地面不动。

6. 一艘宇宙飞船船身固有长度为 $l_0=90\mathrm{m}$，相对于地面以 $u=0.8c$ 的匀速度从一观测站的上空飞过。求：(1)观测站测得飞船的船身通过观察站的时间间隔；(2)宇航员测得船身通过观察站的时间间隔。

7. 设有一静止质量为 m_0、电荷量为 q 的粒子，其初速为零，在均匀电场 E 中加速，在时刻 t 时它所获得的速度为多少？如果不考虑相对论效应，它的速度又是多少？这两个速度间有什么关系？讨论之。

8. 一个静止质量是 m_0 的粒子以速率 $v=0.8c$ 运动，求此时粒子的质量和动能分别是多少？

9. 要使电子的速度从 $v_1=1.2\times10^8\,\mathrm{m/s}$ 增加到 $v_2=2.4\times10^8\,\mathrm{m/s}$，必须对它做多少功（电子静止质量 $m_e=9.11\times10^{-31}\,\mathrm{kg}$）？

10. 某一宇宙射线中的介子的动能 $E_k = 7M_0c^2$，其中 M_0 是介子的静止质量。试求在实验室中观察到它的寿命是它的固有寿命的倍数。

五、思考题

1. 牛顿力学的时空观与相对论的时空观的根本区别是什么？二者有何联系？

2. 狭义相对论的两个基本原理是什么？

3. 你是否认为在相对论中，一切都是相对的？有没有绝对性的方面？有哪些方面？举例说明。

4. 设 S'系相对 S 系以速度 $\boldsymbol{u}$ 沿着 x 轴正方向运动，今有两事件对 S 系来说是同时发生的，问在以下两种情况中，它们对 S'系是否同时发生？

(1) 两事件发生于 S 系的同一地点；

(2) 两事件发生于 S 系的不同地点。

5. 相对论的能量与动量的关系式是什么？相对论的质量与能量的关系式是什么？

6. 洛伦兹变换与伽利略变换有何区别与联系？

7. 一列以速度 $\boldsymbol{v}$ 行驶的火车，其中点 C' 与站台中点 C 对准时，从站台首尾两端同时发出闪光。从 C' 看来，这两次闪光是否同时？何处在先？

8. 在 S 系中有一静止的正方形，其面积为 100m^2，观察者 S' 以 $0.8c$ 的速度沿正方形的对角线运动，S' 测得的该面积是多少？

9. 在相对论中，对动量定义 $\boldsymbol{p}=m\boldsymbol{v}$ 和公式 $\boldsymbol{F}=\mathrm{d}\boldsymbol{p}/\mathrm{d}t$ 的理解，在与牛顿力学中的有何不同？在相对论中，$\boldsymbol{F}=m\boldsymbol{a}$ 一般是否成立？为什么？

10. 一高速列车穿过一山底隧道，列车和隧道静止时有相同的长度 l_0，山顶上有人看到当列车完全进入隧道中时，在隧道的进口和出口处同时发生了雷击，但并未击中列车。试按相对论理论定性分析列车上的旅客应观察到什么现象？这种现象是如何发生的？

第 14 章　量子力学基础

一、判断题

1. 黑体辐射过程中，随着温度的升高，峰值波长会向短波方向移动。（　　）

2. 随黑体温度的升高，黑体总辐射出射度与温度的四次方成正比。（　　）

3. 只要光打到金属表面便会有光电子逸出。（　　）

4. 弱光束照射到金属表面没有光电子逸出时，如果是强光束一定会有光电子逸出。（　　）

5. 光的干涉、衍射现象说明光具有粒子性。（　　）

6. 光在光电效应和康普顿效应中体现出其粒子性。（　　）

7. 康普顿散射公式说明波长的偏移与散射物的种类及入射光的波长无关。（　　）

8. 康普顿散射公式说明波长的偏移与散射角无关。（　　）

9. 光具有波粒二象性，实物粒子也具有波粒二象性。（　　）

10. 不确定关系表明粒子的位置坐标不确定量越小，则同方向的动量不确定量越大；某方向上的动量不确定量越小，则此方向上位置的不确定量越大。（　　）

二、选择题

1. 用频率为 ν 的单色光照射某种金属时，逸出光电子的最大动能为 E_k；若改用频率为 2ν 的单色光照射此种金属时，则逸出光电子的最大动能为（　　）。

A. $2E_k$　　B. $2h\nu-E_k$　　C. $h\nu-E_k$　　D. $h\nu+E_k$

2. 如果两种不同质量的粒子，其德布罗意波长相同，则这两种粒子的（　　）。

A. 动量相同　　B. 能量相同　　C. 速度相同　　D. 动能相同

3. 若 α 粒子（电荷为 $2e$）在磁感应强度为 B 的均匀磁场中沿半径为 R 的圆形轨道运动，则 α 粒子的德布罗意波长是（　　）。

A. $h/(2eRB)$　　B. $h/(eRB)$　　C. $1/(2eRBh)$　　D. $1/(eRBh)$

4. 由氢原子理论知，当大量氢原子处于 $n=3$ 的激发态时，原子跃迁将发出（　　）。

A. 一种波长的光　　B. 两种波长的光

C. 三种波长的光　　D. 连续光谱

5. 已知粒子在一维矩形无限深势阱中运动，其波函数为：$\psi(x)=\frac{1}{\sqrt{a}}\cdot\cos\frac{3\pi x}{2a}(-a\leqslant x\leqslant a)$，那么粒子在 $x=5a/6$ 处出现的概率密度为（　　）。

A. $1/(2a)$　　B. $1/a$　　C. $1/\sqrt{2a}$　　D. $1/\sqrt{a}$

6. 波长 $\lambda=5000\text{Å}$ 的光沿 x 轴正向传播，若光的波长的不确定量 $\Delta\lambda=10^{-3}\text{Å}$，则利用不确定关系式 $\Delta p_x \Delta x \geqslant h$ 可得光子的 x 坐标的不确定量至少为(　　)。

A. 25cm　　B. 50cm　　C. 250cm　　D. 500cm

7. 将波函数在空间各点的振幅同时增大 D 倍，则粒子在空间的分布概率将(　　)。

A. 增大 D^2 倍　　B. 增大 $2D$ 倍　　C. 增大 D 倍　　D. 不变

8. 下列各组量子数中，哪一组可以描述原子中电子的状态？(　　)

A. $n=2, l=2, m_l=0, m_s=\frac{1}{2}$　　B. $n=3, l=1, m_l=-1, m_s=-\frac{1}{2}$

C. $n=1, l=2, m_l=1, m_s=\frac{1}{2}$　　D. $n=1, l=0, m_l=1, m_s=-\frac{1}{2}$

9. 氢原子中处于 3d 量子态的电子，描述其量子态的四个量子数(n, l, m_l, m_s)可能取的值为(　　)。

A. (3,0,1,−1/2)　　B. (1,1,1,−1/2)

C. (2,1,2,−1/2)　　D. (3,2,0,−1/2)

10. 与绝缘体相比较，半导体能带结构的特点是(　　)。

A. 导带也是空带

B. 满带与导带重合

C. 满带中总是有空穴，导带中总是有电子

D. 禁带宽度较窄

三、填空题

1. 当波长为 3000Å 的光照射在某金属表面时，光电子的能量范围从 0 到 4.0×10^{-19}J，在作上述光电效应实验时遏止电压 $U_a=$________ V；此金属的红限频率 $\nu_0=$________ Hz。

2. 设描述微观粒子运动的波函数为 $\Psi(\boldsymbol{r}, t)$，则波函数模的平方 $\Psi\Psi^*$ 表示________；$\Psi(\boldsymbol{r}, t)$须满足的条件是________；其归一化条件是________。

3. 力学量算符的本征值必为________，力学量算符属于两个不同本征值的本征态必________。

4. 算符在其自身表象中的矩阵为________，例如在 σ_z 表象中 $\hat{\sigma}_z=$________。

5. 施特恩-格拉赫证实电子具有________角动量，它在任何方向上投影只能取两个值：________和________。

6. 光子波长为 λ，则其能量为________，动量为________，质量为________。

7. 如果电子被限制在边界 x 与 $x+\Delta x$ 之间，$\Delta x=0.5\text{Å}$，则电子动量 x 分量的不确定量近似地为________ kg·m/s。

8. 多电子原子中，电子的排列遵循________原理和________原理。

9. 原子中电子的主量子数 $n=2$，它可能具有的状态数最多为________个。

10. 自旋量子数为________的粒子称为费米子，自旋量子数为________的粒子称为玻色子；________体系遵循泡利不相容原理。

四、计算题

1. 粒子在一维势场 $U(x)=\begin{cases}0, & 0\leqslant x\leqslant a\\ +\infty, & x>a, x<0\end{cases}$ 中运动，试从薛定谔方程出发求出粒子的定态能级和归一化波函数。

2. 一粒子在一维势场 $U(x)=\dfrac{1}{2}\mu\omega^2x^2-bx$ 中运动，试求粒子的能级和归一化定态波函数(准确解)。

3. 一粒子在硬壁球形空腔中运动，势能为

$$U(r)=\begin{cases}0, & r<r_0\\ +\infty, & r\geqslant r_0\end{cases}$$

试从薛定谔方程出发求粒子在 s 态中的能级和定态波函数(不必归一化)。

$\left\{提示：在 s 态中 \nabla^2 f=\dfrac{1}{r}\dfrac{\mathrm{d}^2}{\mathrm{d}r^2}(rf)\right\}$

4. 粒子在一维势场 $U(x)=\begin{cases}-U_0\,(U_0>0), & 0\leqslant x\leqslant a\\ +\infty, & x<0,x>a\end{cases}$ 中运动，试从薛定谔方程出发求出粒子的定态能级和归一化波函数。

5. 粒子处在 $0\leqslant x\leqslant a$ 的一维无限深势阱中的基态，设 $t=0$ 时阱壁 $x=a$ 突然运动到 $x=2a$，求此时粒子处于基态的几率。

6. 设粒子的状态为 $\psi(x)=A\left[\sin^2 kx+\frac{1}{2}\cos kx\right]$，求粒子动量和动能的可能值及相应的几率。

7. 求$\hat{L}_z=-\mathrm{i}\hbar\frac{\partial}{\partial\varphi}$的本征值和归一化本征态。

8. 在 S_z 表象中，(1)求出$\hat{S}_x$ 的本征值和本征态；(2)求在态$\begin{pmatrix}\cos\alpha\\ \sin\alpha\end{pmatrix}$中测得 $S_x=\frac{\hbar}{2}$的几率。

9. 一量子体系没有受微扰作用时有三个非简并能级 $E_1^{(0)}$、$E_2^{(0)}$、$E_3^{(0)}$，假设微扰矩阵为：$\boldsymbol{H}'=\begin{bmatrix} b & 0 & a \\ 0 & b & 0 \\ a & 0 & b \end{bmatrix}$，试用微扰论计算体系的能级至二级修正。

10. 在一维无限深势阱 $0\leqslant x\leqslant a$ 中运动的粒子，受到微扰作用后，势能为 $U(x)=\begin{cases} bx, & 0\leqslant x\leqslant a \\ +\infty, & x>a, x<0 \end{cases}$ (b 为小常量)，试用微扰论计算粒子的能级至一级修正。

五、思考题

1. 你认为玻尔的量子理论有哪些成功之处？有哪些不成功的地方？试举例说明。

2. 什么是光电效应？光电效应有什么规律？爱因斯坦是如何解释光电效应的？

3. 如何正确理解微观粒子的波粒二象性?

4. 经典波和量子力学中的几率波有什么本质区别?

5. 量子力学的五个基本假设是什么？

6. 波函数归一化的含义是什么？归一化随时间变化吗？

7. 量子化是不是量子力学特有的效应？经典物理中是否有量子化现象？

8. 薛定谔方程应该满足哪些条件？

9. 为什么康普顿效应中电子不吸收光子，而是散射光子？

10. 物质波与经典波有何区别？

参考答案

第 1 章

一、判断题

1. × 2. √ 3. × 4. √ 5. √ 6. √ 7. √ 8. × 9. × 10. √

二、选择题

1. D 2. D 3. C 4. B 5. B 6. D 7. B 8. B 9. B 10. C

三、填空题

1. $-\frac{1}{2}g$；$\frac{2v^2}{\sqrt{3}g}$ 2. $4\boldsymbol{i}-8\boldsymbol{j}$；$-2\boldsymbol{j}$；$y=2-\frac{x^2}{4}$ 3. 4rad 4. 4.8$\mathrm{m/s^2}$；230.4 $\mathrm{m/s^2}$；2.67 5. 0；3m/s

6. $\boldsymbol{r}=\frac{1}{3}t^3\boldsymbol{i}+\frac{1}{4}t^4\boldsymbol{j}$，$\boldsymbol{v}=(4\boldsymbol{i}+8\boldsymbol{j})\mathrm{m/s}$ 7. 1；1.5；0.5；4.2

8. 谐振动；匀速直线运动；以 O 为圆心半径为 A 的圆；以 z 为轴线的螺旋线

9. $(3v_0^2/2k)^{1/3}$ 10. $x=\frac{1}{3}t^3+4t-12$

四、计算题

1. 前3s内质点位移为18m，平均速度为6m/s，平均加速度为$-18\mathrm{m/s^2}$，通过的路程为46m

2. (1) $\sqrt{b^2+\frac{(v_0-bt)^4}{R^2}}$；(2) $\frac{v_0}{b}$；(3) $\frac{v_0^2}{4\pi Rb}$

3. (1) $\boldsymbol{r}=v_0t\boldsymbol{i}+\left(h-\frac{1}{2}gt^2\right)\boldsymbol{j}$；(2) $y=-\frac{gx^2}{2v_0^2}+h$；

(3) $\frac{\mathrm{d}\boldsymbol{r}}{\mathrm{d}t}=v_0\boldsymbol{i}-gt\boldsymbol{j}$；$\frac{\mathrm{d}\boldsymbol{v}}{\mathrm{d}t}=-g\boldsymbol{j}$；$\frac{\mathrm{d}v}{\mathrm{d}t}=\frac{g^2t}{[v_0^2+(gt)^2]^{\frac{1}{2}}}=\frac{g\sqrt{2gh}}{\sqrt{v_0^2+2gh}}$

4. 人影中头的速度：$v_2=\frac{h_1}{h_1-h_2}v_1$（常数） 5. $x=\frac{v_0}{k}(1-\mathrm{e}^{-kt})$

6. (1) $\boldsymbol{r}=6\boldsymbol{i}+11\boldsymbol{j}$，$\boldsymbol{v}=3\boldsymbol{i}+8\boldsymbol{j}$，$\boldsymbol{a}=4\boldsymbol{j}$；

(2) $|\Delta\boldsymbol{r}|=\sqrt{3^2+6^2}=\sqrt{45}$，与 x 轴正向的夹角 $\theta=\arctan\frac{6}{3}=63.4°$；

(3) $\boldsymbol{v}_1=\frac{\boldsymbol{r}_1-\boldsymbol{r}_0}{\Delta t_1}=\frac{(3\boldsymbol{i}+5\boldsymbol{j})-3\boldsymbol{j}}{1}=3\boldsymbol{i}+2\boldsymbol{j}$，$\boldsymbol{v}_2=\frac{\boldsymbol{r}_2-\boldsymbol{r}_1}{\Delta t_2}=\frac{3\boldsymbol{i}+6\boldsymbol{j}}{1}=3\boldsymbol{i}+6\boldsymbol{j}$；

(4) $t=\frac{x}{3}$，$y=2\left(\frac{x}{3}\right)^2+3=\frac{2x^2}{9}+3$

7. $\boldsymbol{r}=21\boldsymbol{i}+\frac{14}{3}\boldsymbol{j}$，$\boldsymbol{a}=10\boldsymbol{i}+4\boldsymbol{j}$

8. (1) $\boldsymbol{v}=6t\boldsymbol{i}+4t\boldsymbol{j}$，$\boldsymbol{r}=(10+3t^2)\boldsymbol{i}+2t^2\boldsymbol{j}$；(2) $y=\frac{2}{3}(x-10)$

9. $v=\sqrt{6x+4x^3}$ 10. $v=\frac{A}{B}(1-\mathrm{e}^{-Bt})$

五、思考题

略

第 2 章

一、判断题

1. × 2. × 3. √ 4. × 5. √ 6. × 7. × 8. √ 9. × 10. √

二、选择题

1. D 2. A 3. C 4. B 5. A 6. C 7. D 8. C 9. D 10. C

三、填空题

1. 1.67J 2. 882J 3. 40m/s,142.76m 4. 30m/s,467m 5. 2.9m/s 6. 2.55×10^5N

7. 1.14×10^3N 8. $-\frac{kA}{\omega}$ 9. 2.5×10^3N,沿直角平分线指向弯管外侧 10. $-\frac{3}{8}mv_0^2,\frac{3v_0^2}{16\pi rg},\frac{4}{3}$

四、计算题

1. (1) 5.94×10^3N,-1.98×10^3N;(2) 3.24×10^3N,-1.08×10^3N

2. $\frac{m'v'^2}{2\mu g(m'+m)}$ 3. (1) $\frac{1}{2k}\ln\left(\frac{g+kv_0^2}{g}\right)$;(2) $v_0\left(1+\frac{kv^2}{g}\right)^{-1/2}$

4. (1) 68N·s;(2) 6.86s;(3) 40m/s 5. $\frac{m}{K}\ln\frac{mg+kv_0}{mg}$ 6. 500m

7. −0.40m/s,3.6m/s 8. $\frac{mv_0\sin\alpha u}{(m+m')g}$ 9. $-\frac{27}{7}kc^{2/3}l^{7/3}$ 10. $mg\left(3+\frac{2m}{m'}\right)$

五、思考题

略

第 3 章

一、判断题

1. × 2. √ 3. × 4. × 5. × 6. √ 7. √ 8. √ 9. × 10. ×

二、选择题

1. B 2. D 3. B 4. D 5. C 6. C 7. A 8. B 9. C 10. C

三、填空题

1. 4s;−15m/s 2. $\frac{\omega_0}{\tau}e^{-\frac{t}{\tau}}$ 3. 62.5;$\frac{5}{3}$ 4. $\frac{m_1+3m+7m_2}{12}l^2$ 5. 机械能

6. 1.22m/s;10m/s²;−0.54rad/s²;9.75 7. $t=\frac{2\omega_0 L}{3\mu g}$ 8. $\omega\frac{mR^2}{J}$;$\frac{1}{2}mR^2\omega^2\left(\frac{mR^2}{J}+1\right)$

9. $\frac{J}{k}\ln2$ 10. $T=\frac{11}{8}mg$

四、计算题

1. (1) $2+2t$,2rad/s²;(2) 线速度 $v=(2+2t)R$,切向加速度 $a_t=2R$,法向加速度 $a_n=(2+2t)^2R$;(3) 圆盘的角动量 $L=mR^2(1+t)$,转动动能 $E_k=mR^2(1+t)^2$

2.

$$\begin{cases} a_1=\dfrac{m_1R-m_2r}{J_1+J_2+m_1R^2+m_2r^2}\cdot gR \\ a_2=\dfrac{m_1R-m_2r}{J_1+J_2+m_1R^2+m_2r^2}\cdot gr \end{cases}$$

$$\begin{cases} T_1=\dfrac{J_1+J_2+m_2r^2+m_2Rr}{J_1+J_2+m_1R^2+m_2r^2}\cdot m_1g \\ T_2=\dfrac{J_1+J_2+m_1R^2+m_1Rr}{J_1+J_2+m_1R^2+m_2r^2}\cdot m_2g \end{cases}$$

3. (1) $a=0.2g=1.96\text{m/s}^2$；(2) $T=\frac{M}{2}a=9.8\text{N}$

4. (1) $a=\frac{m_1-\mu m_2}{m_1+m_2+\frac{J}{r^2}}\cdot g, T_1=\frac{m_2+\mu m_2+\frac{J}{r^2}}{m_1+m_2+\frac{J}{r^2}}\cdot m_1 g, T_2=\frac{m_1+\mu m_1+\mu\frac{J}{r^2}}{m_1+m_2+\frac{J}{r^2}}\cdot m_2 g$；

(2) 当 $\mu=0$ 时，

$$a=\frac{m_1}{m_1+m_2+\frac{J}{r^2}}\cdot g, T_1=\frac{m_2+\frac{J}{r^2}}{m_1+m_2+\frac{J}{r^2}}\cdot m_1 g, T_2=\frac{m_1}{m_1+m_2+\frac{J}{r^2}}\cdot m_2 g$$

5. 0.98J；8.57rad/s　6. 11.8m；1.7m/s　7. (1) 8.9rad/s；(2) 94.5°

8. (1) $v_0=\frac{\sqrt{6(2-\sqrt{3})}}{12}\frac{3m+M}{m}\sqrt{gl}$；(2) 冲量为：$\bar{f}\Delta t=-\frac{\sqrt{6(2-\sqrt{3})}}{6}M\sqrt{gl}$

9. 5s　10. $F=314\text{N}$

五、思考题

略

第 4 章

一、判断题

1. ×　2. √　3. ×　4. ×　5. √　6. ×　7. √　8. √　9. ×　10. √

二、选择题

1. D　2. D　3. A　4. B　5. D　6. C　7. C　8. A　9. C　10. C

三、填空题

1. -4N/C　2. $-2\times10^3\text{V}$　3. $\frac{-q}{8\pi\varepsilon_0 a}$　4. 0　5. 电场强度、电势　6. $A\pi R^4$　7. $-\frac{q}{3}$

8. $3.48\times10^4\text{N/C}$　9. $1.5\times10^4\text{V}$　10. 大小相等，符号相反

四、计算题

1. 电场强度的大小为：$E=3.24\times10^4\text{V/m}$，方向为：$\alpha=\arctan\frac{2}{3}$（$\alpha$ 为其与 CB 的夹角）

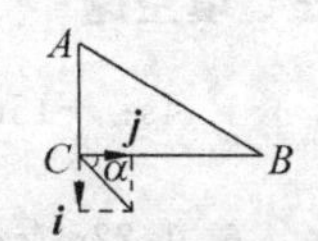

题 1 答图

2. $E=0.72\text{V/m}$，方向由缝隙指向圆心

3. 当 $|x|\leqslant\frac{d}{2}$ 时，$E=\frac{\rho x}{\varepsilon_0}$；当 $|x|>\frac{d}{2}$ 时，$E=\frac{\rho d}{2\varepsilon_0}$，曲线如图所示

4. $\rho=\varepsilon_0 c$

5. $U_r=\frac{Q(3-r^2)}{8\pi\varepsilon_0 R}$

6. (1) $8.85\times10^{-9}\text{C}\cdot\text{m}^2$；(2) $\sigma'=-\frac{\sigma}{2}$

7. $\boldsymbol{F}=\frac{ql\boldsymbol{r}_0}{4\pi\varepsilon_0 r_0(r_0+l)}$（$\boldsymbol{r}_0$ 为单位矢量）；$W=\frac{q\lambda}{4\pi\varepsilon_0}\ln\frac{r_0+l}{r_0}$

8. $v=\sqrt{v_0^2+\frac{q\sigma}{m\varepsilon_0}(R+b-\sqrt{R^2+b^2})}$

9. (1) $\Phi=\frac{q}{6\varepsilon_0}$；(2) 不包含 q 所在的顶点，则该面 $\Phi=\frac{q}{24\varepsilon_0}$；包含 q 所在的顶点，则 $\Phi=0$

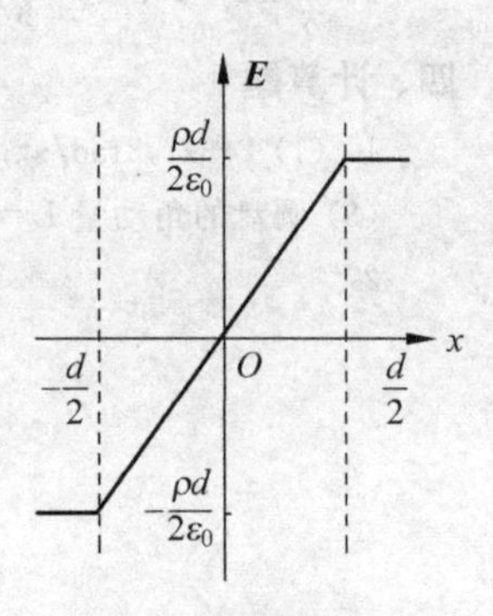

题 3 答图

10. $\Phi=\frac{q}{2\varepsilon_0}\left(1-\frac{d}{\sqrt{R^2+d^2}}\right)$

五、思考题

略

第 5 章

一、判断题

1. × 2. √ 3. √ 4. × 5. √ 6. √ 7. × 8. × 9. × 10. ×

二、选择题

1. D 2. C 3. C 4. B 5. D 6. D 7. B 8. B 9. B 10. D

三、填空题

1. 不变,减少 2. 无极分子,电极化 3. $\boldsymbol{D}=\varepsilon_0\varepsilon_r\boldsymbol{E}$ 4. $\varepsilon_r,1,\varepsilon_r$ 5. $\sigma,\frac{S}{\varepsilon_r\sigma}$ 6. 增大,减小

7. $\sigma_A=\frac{q_1+q_2}{2S},\sigma_B=\frac{q_1-q_2}{2S},\sigma_C=-\frac{q_1-q_2}{2S},\sigma_D=\frac{q_1+q_2}{2S}$ 8. $\sigma=\frac{Q+q}{4\pi R_2^2}$ 9. 9.1×10^5C 10. U_0

四、计算题

1. $q_1=-\frac{q}{2},q_2=\frac{q}{2}$

2. (1) 330V,270V; (2) 270V,270V; (3) 60V, 0V; (4) 0V,180V

3. $D=\begin{cases}0, & r<R_1\\ \frac{Q}{4\pi r^2}, & r>R_1\end{cases}$; $E=\begin{cases}0, & r<R_1\\ \frac{Q}{4\pi\varepsilon_0\varepsilon_{r1}r^2}, & R_1<r<R\\ \frac{Q}{4\pi\varepsilon_0\varepsilon_{r2}r^2}, & R<r<R_2\\ \frac{Q}{4\pi\varepsilon_0 r^2}, & r>R_2\end{cases}$; $U_{12}=\frac{Q}{4\pi\varepsilon_0}\left(\frac{1}{\varepsilon_{r1}R_1}-\frac{1}{\varepsilon_{r1}R}+\frac{1}{\varepsilon_{r2}R}-\frac{1}{\varepsilon_{r2}R_2}\right)$

4. 2倍; $\frac{2\varepsilon_r}{1+\varepsilon_r}$倍 5. $\frac{3Q^2}{20\pi\varepsilon_0 R}$ 6. 略 7. $\frac{Q}{4\pi\varepsilon_0}\left(\frac{1}{a}-\frac{1}{b}+\frac{1}{c}\right)$; $\frac{Q}{4\pi\varepsilon_0 c}$

8. (1) 4×10^{-11}F; (2) 2×10^{-7}J 9. (1) $\frac{\varepsilon_0\varepsilon_{r1}\varepsilon_{r2}S}{d_1\varepsilon_{r2}+d_2\varepsilon_{r1}}$; (2) $\frac{(d_1\varepsilon_{r2}+d_2\varepsilon_{r1})Q^2}{2\varepsilon_0\varepsilon_{r1}\varepsilon_{r2}S}$

10. 当 $r<R$ 时,$\frac{\rho r}{3\varepsilon_1},\frac{\rho}{6\varepsilon_1}(R^2-r^2)+\frac{\rho R^2}{3\varepsilon_2}$; 当 $r>R$ 时,$\frac{\rho R^3}{3\varepsilon_2 r^2},\frac{\rho R^3}{3\varepsilon_2 r^2}$

五、思考题

略

第 6 章

一、判断题

1. √ 2. × 3. × 4. × 5. × 6. × 7. × 8. √ 9. √ 10. √

二、选择题

1. D 2. C 3. C 4. C 5. B 6. C 7. D 8. B 9. C 10. B

三、填空题

1. 4×10^{-6}T 2. 5A 3. $\frac{\mu_0 Il}{2\pi}\ln\frac{d+b}{d}$ 4. $\frac{4\sqrt{2}RB}{\mu_0}$ 5. $BI(l+2R)$ 6. $a/3$

7. $\mu_0(I_2-I_1),\mu_0(I_2+I_1)$　8. $\mu_0 nI,\mu_0 nI/2$　9. $\frac{\mu_0 I}{4R},\frac{\mu_0 I}{12R}$　10. $B\pi r^2$

四、计算题

1. $0.176\frac{\mu_0 I}{R},0.677\frac{\mu_0 I}{R},0.677\frac{\mu_0 I}{R}$　2. $\frac{\mu_0 I_1 I_2 l}{2\pi}\cdot\frac{b}{d(d+b)}$,方向向左

3. $\frac{\mu_0 Il}{2\pi}\ln\frac{d_2}{d_1}$　4. $\frac{\mu_0 Il}{4\pi}$　5. $\frac{\mu_0 I}{4\pi R}+\frac{\mu_0 I}{4R}$　6. (1) $\mu_0 k\boldsymbol{j}$；(2) 0

7. (1) $B_1=\frac{\mu_0 Ir}{2\pi R_1^2}$；(2) $B_2=\frac{\mu_0 I}{2\pi r}$；(3) $B_3=\frac{\mu_0 I(R_3^2-r^2)}{2\pi r(R_3^2-R_2^2)}$；(4) $B_4=0$　8. 0

9. $\frac{\mu_0 I}{\pi^2 R}$,方向为 Ox 轴负向

10. $B=\frac{\mu_0\sigma\omega}{2}\left(\frac{R^2+2x^2}{\sqrt{R^2+x^2}}-2x\right)$,方向：$x$ 轴正向；$m=\frac{\pi\sigma\omega R^4}{4}$,方向：$x$ 轴正向

五、思考题

略

第 7 章

一、判断题

1. √　2. ×　3. √　4. ×　5. √　6. ×　7. √　8. √　9. √　10. ×

二、选择题

1. B　2. D　3. C　4. D　5. A　6. A　7. A　8. D　9. B　10. B

三、填空题

1. 洛伦兹力,感生电场力,变化的磁场　2. 0.4　3. $\frac{700}{\pi}\mathrm{T\cdot s^{-1}}$　4. $\frac{1}{\sqrt{\varepsilon_0\mu_0}}B$

5. $\frac{3\mu_0}{\pi}\ln 11$　6. 0.63N,2.21W　7. $\varepsilon=-6t+5(\mathrm{V})$

8. 对放入其中的电荷都有力的作用；电荷；变化的磁场

9. ②；③；①　10. >；<；=

四、计算题

1. 1.88×10^{-5}V；c　2. $\frac{\mu_0 l}{2\pi}\ln\frac{R_2}{R_1}$　3. $\varepsilon=\frac{\pi-2}{8}BR^2\omega$,ε 的方向为 $a\to b$　4. $\varepsilon_{max}=1.7$V

5. $\varepsilon=3\times10^{-3}$V；顺时针　6. $\varepsilon=\frac{-\mu_0 Iv}{\pi}\ln\frac{a+b}{a-b}$；金属杆左端电势高

7. (1) $\frac{\mu_0 Il}{2\pi}\ln\frac{(a+b)d}{(a+d)b}$；(2) $\varepsilon=\frac{\mu_0 l}{2\pi}\ln\frac{(d+a)b}{(a+b)d}\frac{\mathrm{d}I}{\mathrm{d}t}$　8. 略

9. (1) $\frac{\mu_0 I^2}{16\pi}$；(2) $\frac{\mu_0}{8\pi}$　10. (1) $I_d=2.8$A；(2) $B=5.0\times10^{-7}$T

五、思考题

略

第 8 章

一、判断题

1. √　2. ×　3. ×　4. √　5. √　6. √　7. ×　8. √　9. ×　10. ×

二、选择题

1. A　2. C　3. B　4. B　5. B　6. C　7. C　8. C　9. C　10. D

三、填空题

1. 10cm；$\frac{\pi}{6}$rad/s；$\frac{\pi}{3}$　2. $\frac{T}{8}$　3. 1s　4. 0.201s；3.92×10^{-3}J　5. 550Hz

6. $x=2\cos(2.5t-\pi/2)$　7. 1∶2∶4　8. 3s,$2\pi/3$　9. 4s/3　10. 0.1,$\pi/2$

四、计算题

1. (1) $x=0.02\cos4\pi t$；(2) $x=0.02\cos\left(4\pi t+\frac{\pi}{2}\right)$；(3) $x=0.02\cos\left(4\pi t+\frac{\pi}{3}\right)$

2. $x=0.06\cos(\pi t+\pi)$

3. (1) $x=0.1\cos\left(\pi t-\frac{\pi}{2}\right)$；(2) $x=0.1\cos\left(\frac{5}{6}\pi t-\frac{\pi}{3}\right)$

4. (1) 0.05m,0.45π；(2) $\varphi_0=2k\pi+\frac{3}{4}\pi, A_{max}=0.1$m；$\varphi_0=2k\pi+\frac{5}{4}\pi, A_{min}=0.03$m

5. (1) 1.26s；(2) −0.60m,0；(3) 2.6m/s,-7.5m/s^2,−1.5N；(4) ±0.42m

6. (1) 0.16J；(2) $x=0.4\cos\left(2\pi t+\frac{\pi}{3}\right)$

7. (1) $\pm4.24\times10^{-2}$m；(2) 0.75s

8. $x=2.5\times10^{-2}\cos\left(40t+\frac{\pi}{2}\right)$

9. (1) 5cm；(2) 最高点作用力为0；最低点作用力为20N,方向向下

10. (1) $A+\frac{mg}{k}$；(2) $v_B=\sqrt{2gA+2v_0^2}$

五、思考题

略

第 9 章

一、判断题

1. √　2. ×　3. ×　4. ×　5. ×　6. ×　7. √　8. ×　9. ×　10. √

二、选择题

1. D　2. C　3. D　4. D　5. B　6. B　7. D　8. D　9. A　10. C

三、填空题

1. 503.2m/s　2. 8.33×10^{-3}s；0.25m；$y=4.0\times10^{-3}\cos(240\pi t-8\pi x)$(m)

3. 3.14m；5.0Hz；15.7m/s；0.2s　4. 相反　5. 波源；弹性介质　6. 波源；球面波

7. 传播方向　8. 乘积　9. 20 000　10. 波程差

四、计算题

1. (1) $y_1=A\cos(100\pi t-15.5\pi)$,$y_2=A\cos(100\pi t-5.5\pi)$；$\varphi_{10}=-15.5\pi$；$\varphi_{20}=-5.5\pi$；(2) $\Delta=\pi$

2. (1) $y=0.10\cos[500\pi(t+x/5000)+\pi/3]$；

   (2) $y=0.10\cos(500\pi t+13\pi/12)$,$v=40.6$m/s

3. (1) $y=0.04\cos\left[\frac{2\pi}{5}\left(t-\frac{x}{0.08}\right)-\frac{\pi}{2}\right]$；(2) $y=0.04\cos\left[\frac{2\pi}{5}t+\frac{\pi}{2}\right]$

4. $y=0.04\cos\left[\frac{\pi}{6}(t+x/10)-\frac{\pi}{2}\right]$

5. $y=0.10\cos[2\pi(t/0.4+x/2.0)+0.5\pi]$(m)

6. (1) $y=3\times10^{-2}\cos4\pi\left(t+\frac{x}{20}\right)$；

(2) $y=3\times10^{-2}\cos\left[4\pi\left(t+\frac{x}{20}\right)-\pi\right]$

7. $\Delta=1.8\pi$　8. (1) $\Delta=3\pi$；(2) $A=|A_1-A_2|$

9. (1) $A=1.5\times10^{-2}$m，$u=343.8$m/s；(2) $\Delta x=0.625$m；(3) $v=-46.2$m/s

10. 0.57m

五、思考题

略

第 10 章

一、判断题

1. √　2. √　3. ×　4. ×　5. ×　6. √　7. √　8. √　9. ×　10. ×

二、选择题

1. C　2. B　3. D　4. C　5. B　6. A　7. B　8. D　9. A　10. D

三、填空题

1. $\frac{2\pi}{\lambda}(n-1)e$；4000　2. 上；$(n-1)e$　3. $xd/5D$　4. 1.96mm　5. 1.4　6. 0.644mm

7. 0.36mm　8. 625nm　9. 3　10. $\sqrt{3}$

四、计算题

1. (1) 0.11m；(2) 第7级　2. 3.16×10^{-6}m　3. $e_{\min}=1027$Å

4. $e=(k-1/2)\times1993$Å；$e_{\min}=996$Å

5. (1) 4.8×10^{-5}rad；(2) 明纹；(3) 3条明纹，3条暗纹

6. (1) 2.75×10^{-2}m；(2) 6.88×10^{-2}m　7. (1) 600nm；(2) 3；(3) 7个

8. (1) 2.4×10^{-6}m；(2) 0.8×10^{-6}m；(3) $0,\pm1,\pm2,\pm3$　9. (1) 0.06m；(2) 5个　10. 2.25

五、思考题

略

第 11 章

一、判断题

1. √　2. ×　3. √　4. √　5. ×　6. ×　7. √　8. ×　9. ×　10. √

二、选择题

1. B　2. A　3. A　4. B　5. C　6. A　7. D　8. C　9. B　10. C

三、填空题

1. $\int_{100}^{\infty}f(v)N\mathrm{d}v$；$\int_{0}^{\infty}\frac{1}{2}mv^2f(v)\mathrm{d}v$；$\int_{100}^{\infty}f(v)\mathrm{d}v$　2. $\frac{1}{2}kT$；$\frac{i}{2}kT$；$\frac{i}{2}\nu RT$；$\frac{3}{2}kT$

3. 6.42；0.67×10^5　4. $\frac{\pi}{4}$　5. 3739.5J，2493J，6232.5J　6. 1　7. $\frac{m}{M}\frac{i}{2}RT$

8. $\int_{v_0}^{\infty}Nf(v)\mathrm{d}v$；$\frac{\int_{v_0}^{\infty}vf(v)\mathrm{d}v}{\int_{v_0}^{\infty}f(v)\mathrm{d}v}$；$\int_{v_0}^{\infty}f(v)\mathrm{d}v$　9. 氢；1581.14　10. 3/5

四、计算题

1. $\Delta U=\frac{3}{4}RT$　2. 390.0m/s，440.2m/s，477.7m/s

3. (1) $2.45\times10^{24}\mathrm{m}^{-3}$；(2) 5.32×10^{-26}kg；(3) $0.13\mathrm{kg/m}^3$　4. 656℃

5. (1) $f(v)=\begin{cases} av/Nv_0, & 0\leqslant v\leqslant v_0 \\ a/N, & v_0\leqslant v\leqslant 2v_0 \\ 0, & v\geqslant 2v_0 \end{cases}$；(2) $a=2N/3v_0$；(3) $N/3$

6. $p=1.88\times10^4\,\text{Pa}$　7. $N=\dfrac{\sqrt{2}R^2}{3d^2}=0.47\dfrac{R^2}{d^2}$　8. $\dfrac{N_1}{N_2}=0.78$

9. (1) $A=\dfrac{3}{4\pi v_f^3}$；(2) $\bar{\varepsilon}_k=\dfrac{3}{10}m_e v_f^2$　10. $1.91\times10^{-6}\,\text{kg}$

五、思考题

略

第 12 章

一、判断题

1. √　2. ×　3. ×　4. √　5. √　6. ×　7. √　8. ×　9. √　10. ×

二、选择题

1. D　2. C　3. C　4. A　5. C　6. D　7. C　8. B　9. B　10. D

三、填空题

1. 系统与外界无热量交换　2. 1450kJ　3. 正向；逆向　4. 凡是能将热能转换为机械能

5. 外界对系统做功；向系统传递热量；始末两个状态；所经历的过程

6. 等压；等压；等压　7. 8.64×10^3　8. $pV=\nu RT$　9. 400　10. 熵增大；不可逆的

四、计算题

1. (1) 35.32%；(2) $Q_1=10.0\text{kJ}, Q_2=6.468\text{kJ}$；(3) 2.83

2. (1) $Q_{a-d-b}=80\text{kJ}$；(2) $Q_{b-a}=-90\text{kJ}$；(3) $Q_{a-d}=60\text{kJ}, Q_{d-b}=20\text{kJ}$

3. $\eta=1-\dfrac{1}{\left(\dfrac{V_1}{V_2}\right)^{\gamma-1}}$　4. (1) $\Delta\eta=2.73\%$；(2) $\Delta\eta=10\%$；(3) 降低低温热源温度的方案为好

5. $1-\gamma\dfrac{T_b-T_c}{T_a-T_d}$　6. (1) 366.25K；(2) 0.009kg　7. (1) 598J；(2) $1.00\times10^3\,\text{J}$；(3) 1.6

8. (1) $\Delta E=Q=623\text{J}, W=0$；(2) $\Delta E=623\text{J}, Q=1040\text{J}, W=417\text{J}$；(3) $\Delta E=623\text{J}, Q=0, W=-623\text{J}$

9. (1) 320K；(2) 20%　10. 410K

五、思考题

略

第 13 章

一、判断题

1. √　2. √　3. ×　4. √　5. √　6. ×　7. √　8. √　9. ×　10. √

二、选择题

1. B　2. B　3. A　4. C　5. C　6. A　7. C　8. D　9. C　10. B

三、填空题

1. $1-\dfrac{v^2}{c^2}$　2. $6\sqrt{5}\times10^8\,\text{m}$　3. $4.33\times10^{-8}\,\text{s}$　4. $\dfrac{m}{LS}$；$\dfrac{25m}{9LS}$　5. 2.91×10^8　6. 1.49×10^6

7. $0.25m_{e0}c^2$　8. $\dfrac{1}{2}\sqrt{3}c$　9. c　10. m_0；$m_0\sqrt{1-\dfrac{v^2}{c^2}}$

四、计算题

1. $\dfrac{2L_0u}{c^2\sqrt{1-(u/c)^2}}$　2. (1) $1.94\times10^3\,\text{m/s}$；(2) c　3. 有可能　4. 4.5年；0.2年　5. 37.5s

6. (1) 2.25×10^{-7} s；(2) 3.75×10^{-7} s　7. $\dfrac{qEct}{\sqrt{m_0^2c^2+q^2E^2t^2}}$；$\dfrac{qEt}{m_0}$　8. $\dfrac{5}{3}m_0$；$\dfrac{2}{3}m_0c^2$

9. 2.95×10^5 eV　10. 8

五、思考题

略

第 14 章

一、判断题

1. √　2. √　3. ×　4. ×　5. ×　6. √　7. √　8. ×　9. √　10. √

二、选择题

1. D　2. A　3. A　4. C　5. A　6. C　7. D　8. B　9. D　10. D

三、填空题

1. 2.5；4.0×10^{14}

2. 粒子在 t 时刻在 (x, y, z) 处出现的概率密度；单值、有限、连续；$\iiint |\Psi|^2 \mathrm{d}x\mathrm{d}y\mathrm{d}z = 1$

3. 实数；相互正交　4. 对角矩阵；$\begin{pmatrix}1 & 0\\ 0 & -1\end{pmatrix}$　5. 自旋，$\dfrac{\hbar}{2}$，$-\dfrac{\hbar}{2}$　6. $h\dfrac{c}{\lambda}$，$\dfrac{h}{\lambda}$，$\dfrac{h}{2c\lambda}$

7. 1.33×10^{-23}　8. 泡利不相容；能量最低　9. 8　10. 半奇数；整数；费米子

四、计算题

1. $E_n=\dfrac{n^2\pi^2\hbar^2}{2\mu a^2}$；$\psi(x)=c_1\sin\dfrac{n\pi}{a}x, n=1,2,\cdots$，$\int_0^a|\psi_n|^2\mathrm{d}\tau=1\Rightarrow c_1=\sqrt{\dfrac{2}{a}}$

2. $E_n'=\omega\hbar\left(n+\dfrac{1}{2}\right)-\dfrac{b^2}{2\mu\omega^2}$；$\psi_n(x')=N_n\mathrm{e}^{-\frac{\alpha^2}{2}x'^2}H_n(\alpha x'), n=0,1,2,\cdots$

3. $E_n=\dfrac{n^2\pi^2\hbar^2}{2\mu r_0^2}$；$\psi_n(r)=\dfrac{c_2}{r}\sin\dfrac{n\pi}{r_0}r, n=1,2,\cdots$

4. $E_n=\dfrac{n^2\pi^2\hbar^2}{2\mu a^2}-U_0$；$\psi(x)=c_1\sin\dfrac{n\pi}{a}x, n=1,2,\cdots$，$\int_0^a|\psi_n|^2\mathrm{d}\tau=1\Rightarrow c_1=\sqrt{\dfrac{2}{a}}$

5. $\dfrac{32}{9\pi^2}$

6. 动量的可能值为 $0,2p,-2p,p,-p$，对应几率为 $\dfrac{1}{2},\dfrac{1}{8},\dfrac{1}{8},\dfrac{1}{8},\dfrac{1}{8}$；

动能的可能值为 $0,\dfrac{2p^2}{\mu},\dfrac{2p^2}{\mu},\dfrac{p^2}{2\mu},\dfrac{p^2}{2\mu}$，对应几率为 $\dfrac{1}{2},\dfrac{1}{8},\dfrac{1}{8},\dfrac{1}{8},\dfrac{1}{8}$

7. $L_z=m\hbar, \psi(\varphi)=c\mathrm{e}^{\mathrm{i}m\varphi}, m=0,\pm1,\pm2,\cdots$；$c=\dfrac{1}{\sqrt{2\pi}}$

8. (1) $S_{x1}=\dfrac{\hbar}{2}, S_{x2}=-\dfrac{\hbar}{2}$，对应的本征为：$\chi_1=\dfrac{\sqrt{2}}{2}\begin{pmatrix}1\\1\end{pmatrix}, \chi_2=\dfrac{\sqrt{2}}{2}\begin{pmatrix}1\\-1\end{pmatrix}$；

(2) $|a_-|^2=(1-\sin2\alpha)/2$

9. $E_1=E_1^{(0)}+b+\dfrac{a^2}{E_1^{(0)}-E_3^{(0)}}, E_2=E_2^{(0)}+b, E_3=E_3^{(0)}+b+\dfrac{a^2}{E_3^{(0)}-E_1^{(0)}}$

10. $E_n=E_n^{(0)}+E_n^{(1)}=\dfrac{n^2\pi^2\hbar^2}{2\mu a^2}+\dfrac{ab}{2}, n=1,2,3,\cdots$

五、思考题

略